前　言

中国是茶的故乡，因茶而生的茶文化源远流长。

万里茶道，在东西方贸易中是一条充满茶香的重要国际贸易路线。这条驼铃声声、历经风雨沧桑且积淀了深厚茶文化的商道，始于17世纪，终于20世纪初，从中国福建崇安起，经中国境内的8省向北延伸，途经蒙古国，抵达俄罗斯，是一条总长逾1.3万公里的国际商道。也是继丝绸之路衰落之后在欧亚大陆兴起的又一条重要的国际商道。万里茶道好似一条跨越亚欧的“世纪动脉”，推进了中俄文化经贸交流，创造了享誉世界的商业文明奇迹。

万里茶道，是继丝绸之路、茶马古道后兴起的一条从中国南方直达欧洲腹地的茶叶商道，延续两个世纪的万里茶道，为中西文明的沟通交流提供了广阔的舞台。这条商道以运输茶叶为主，陆路起点为福建省武夷山的下梅村，沿西北方向穿越江西省，经湖南至湖北，然后自汉口一路北上，纵贯河南、山西、河北、内蒙古，入蒙古国，再穿越沙漠戈壁，经乌兰巴托，到达中俄边境的通商口岸恰克图，在俄罗斯境内继续向前延伸，经乌兰乌德、贝加尔湖、伊尔库茨克、新西伯利亚、秋明和莫斯科，最后到达圣彼得堡。茶道在俄罗斯境内继续延伸，又传入中亚和欧洲其他国家。中国是茶叶的原产地，在明清之前茶叶只在中国国内销售，明清时期茶叶开始出口，远销至欧洲各国。中国商人从归化城（现呼和浩特）出发，牵着骆驼，穿越茫茫的蒙古高原和极寒的西伯利亚大地，继续向西到达圣彼得堡。自茶叶首次到达圣彼得堡后，神奇的“东方树叶”在俄国皇室中掀起一股“饮茶风”，随着万里茶道的兴隆，俄国取代英国成为中国茶叶“最大的买家”。尤其是1727年中俄《恰克图条约》的签订，为两国茶叶贸易奠定了基础。17至18世纪，万里茶道取代了丝绸之路、海上茶路，成为中俄茶叶贸易的新商道。

据相关学者调查研究，万里茶道最古老的两条主线，一条从福建武夷山开始，由河口经江西走水路，沿西北方向穿江西至湖北，在汉口集聚后，走江汉商路至襄阳再北上；另一条从湖南安化起，沿资江过洞庭湖，穿过湖南地区，在羊楼洞、汉口集聚。汉口是茶的集散地，茶叶运到此后，一路北上，沿途穿过河南、山西，越过蒙古草原，经今乌兰巴托（库伦）到达中俄边境的恰克图，然后再经乌兰乌德、伊尔库茨克、图伦、克拉斯诺亚斯克、新西伯利亚、鄂木茨克、秋明、叶卡捷琳堡、昆古尔、喀山、下诺夫哥罗镇、莫斯科，最后抵达终点圣彼得堡，甚至欧洲各国。[①] 虽然这条国际商道是以茶叶命名，但茶叶只是大宗货物之一，其他如丝绸、药材、干果等货物数量也非常庞大。这些货物的来源遍布大半个中国，同样的，俄国的轻纺织品、皮毛、粮食和其他日用百货也是通过这条茶道流到中国广大市场。归化城是“茶叶之路”上中国货物和俄国货物的集散地，中国南方以茶叶等生活用品为主要商品，以车、马、船为交通工具运送到归化城，然后以骆驼为运输工具将货物运往蒙古高原、西伯利亚以及俄罗斯的圣彼得堡。同样的，来自俄国的商品也先运到归化城，再运到全国各地。在19世纪下半叶，俄国商人在中国汉口办厂制茶，并将茶叶生产机械化，促使茶叶产量逐年增加，茶叶出口

① 刘再起：《湖北与中俄万里茶道》，人民出版社，2018年，第6页。

在世界茶叶贸易上的比重逐渐增加，一度达到86%。[①] 俄商后来采用新的运茶线路，将传统的北线茶道改为江海水路，由长江至上海、天津，再至海参崴。1905年，西伯利亚铁路修通后，绝大部分由火车运往俄国。十月革命后，输俄茶叶贸易日趋衰落。如此，20世纪初，由于运茶线路的变化、苏联政府对中国茶叶进口采取的关税壁垒的影响，以及印度茶、锡兰茶的竞争等原因，长达两个世纪的中俄茶叶之路终于退出历史舞台。

在万里茶道的发展史上，不能不提的就是商人群体，尤其是山西商人，也就是我们现在所称的晋商。山西本地不产茶，但晋商凭借其吃苦耐劳、敢为人先、开拓进取的精神，跋山涉水来到武夷山购买茶叶，主要以水路和陆路结合的方式，将南方的茶叶运到北方，再以骆驼运送到俄罗斯。他们在万里茶道上谱写了一篇篇的晋商传奇，他们为中俄文化和经贸交流所作出的贡献，一直被后人所赞扬。

茶、瓷、丝是中国对世界物质文明卓越的三大贡献，它们分别在不同的历史时期影响了世界的经济和文化格局，终从根本上改变了全世界人民的日常生活方式以及生活品质。[②] 在清代，尤其是在鸦片战争之前，中国的茶叶在世界舞台上扮演着举足轻重的角色，清朝依靠它走向世界贸易舞台，茶叶成为当时国际贸易的重要商品之一，世界人民追捧的物品。在茶叶贸易兴起、繁盛的时期，清朝国力雄厚，在当时是世界上少有的强盛大国。在中国对外出口的商品里茶叶占首要地位，也正是因为这样，中国成为世界瞩目的焦点。西方国家的人们迷上了茶叶，“饮茶”成了

---

① 于晓陆，吉乎林：《弘扬茶路精神，传播民族文化》，《论草原文化》（第十三辑），2016年。

② 周重林、太俊林：《茶叶战争——茶叶与天朝的兴衰》（修订版）前言，华中科技大学出版社，2015年。

他们日常生活不可或缺的一部分，曾望颜给皇帝进言的奏折中说："夷人赖以为命，不可一日欠缺之物，乃茶叶、大黄。而此二物，皆我中原特产。"包世臣言："西洋人民所必需者，内地之茶叶、大黄。"小小茶叶，以其特有的方式影响着中国在世界市场上的地位和角色，同时也影响了世界文明的发展历程。

万里茶道，作为 18、19 世纪东西方商贸的主要通道，从中可以看到中国在近代经济全球化中的地位沉浮，以及欧亚之间的交流。长达两个世纪的茶叶贸易在中俄政治经济文化发展过程中起了巨大的推动作用，它的历史地位和文化价值可以与丝绸之路相媲美。虽然在 20 世纪初因为政局变迁、世界茶叶中心的转移，万里茶道难敌新运输方式的竞争而逐渐衰落并退出了茶叶贸易的历史舞台，但是在今天，万里茶道的神秘面纱被逐步揭开，其历史文化价值越来越为人们所重视，相关学者和原茶道沿线地方政府投入大量精力去研究和保护万里茶道的历史遗存，使得万里茶道在新时代焕发出别样的绚丽光彩。从 17 世纪开始的万里茶道到今天的石油、天然气管道是推动中俄两国经济发展的"世纪动脉"。引发了社会各界对万里茶道的广泛关注，大家高度肯定了万里茶道的历史价值和当代意义。近几年万里茶道申遗工作成为国家行动后，成效日益显著，大批茶道研究成果涌现，正吸引着世界的瞩目与关注。

古道悠悠，茶香缕缕，神奇的"东方树叶"经万里茶道运输至整个欧洲乃至全世界，影响了世界文明发展进程。进入 21 世纪以后，经济全球化高歌猛进，重新展示拥有辉煌历史的万里茶道，是增进民族自信心、人文精神的重要方式，同时也是深化中俄新时代经济文化交流与友好合作的渠道。所以，研究并揭示这段具有温度的商贸交往历史，是推动中俄两国经济合作与文化交流，拉近两国人民情感的一个最为理想的途径，以此打造两国人民交流合作的平台，也是在新的历史条件下我们的时代责任。

本书以通俗有趣的语言，主要以追溯万里茶道历史为主线，立足全球化视角，按时间顺序，梳理了万里茶道形成、发展、衰落的动态历史过程，按地域分布呈现南茶北引的“特殊之旅”及对地方经济、文化发展的意义，重点对在对外贸易中发挥重要作用的晋商进行深刻的描述，全方位、多视角展现万里茶道所蕴含的传承、开拓、共享等精神，让广大读者更深刻地认识万里茶道所承载的历史价值。限于作者水平，不当之处，敬请方家不吝指正。

目　录

第一章
草中英灵——茶与中国传统茶文化

一、茶与中国文化

中国是茶的故乡，是世界上最早栽培茶树、利用茶树的国家，中国古代茶文化源远流长。

（一）茶树起源

茶作为一种植物，被世人发现、利用到人工栽培，可考的历史有3000年之久。《茶经》中对于茶的起源有如下说明：

> “茶者，南方之嘉木也。一尺、二尺乃至数十尺；其巴山峡川有两人合抱者，伐而掇之。”
>
> ——陆羽《茶经·一之源》

茶树为常绿木本经济作物，是一种多年生的常绿灌木或小乔木，叶片四季常绿，高度在1至6米。“南方之嘉木”，指出了茶树起源于南方。国际学术界关于茶树原产地曾有过争议，在科技考古以及新发现下，国际社会已达成共识，普遍认为茶树的原产地是中国。现今的资料证明，在唐代以前，野生茶树主要分布于长江中下游地区，为益州（包括四川、汉中大部分地区、重庆等）、峡江、武昌等地，树高一尺、两尺以至数十尺，分布广泛，数量和品种多，目前世界上山茶科植物有15个属种，云南、贵州、广西、广东、海南、四川、福建、湖南、江西、台湾等地都是茶树重要的分布地区，现在全国已有10个省区198处发现野生大茶树，我国已发现的野生大茶树，数量之多，时间之早，树体之大，堪称世界之最，令人赞叹。

“茶”这个字在先秦时期并没有出现，最早为“茶”字。在唐代中期以前，“茶”写成“茶”，“茶”字首见于《诗经》。《诗经·邶风·谷风》云：“谁谓茶苦？其甘如荠。”东汉许慎在《说文解字》中仍列入“茶”字，但其中言“茶，苦茶也。从艸，余声，同都切”。《辞海》中“茶”字有三个读音，其中一个就读cha（茶）音。汉代从“茶”这种植物上采摘茶叶调煮羹饮。现在，“茶”字最早的出处可以追溯到唐代陆羽所撰写的《茶经》中言：“其字，或从草，或从木，或草木并。”（原注：从草，当作“茶”，其字出《开元文字音义》）。后“茶”字减去一笔，成为“茶”字。陈志岁先生的《载敬堂集》中载：“茶，或归于瑶草，或归于嘉木，为植物中珍品。”可见，茶不管从草还是从木，可以肯定的一点是，它是吸收天地之灵气而集成的珍品。与“茶”使用类似的是“茗”，也是形声字，从艸，名声。最早出现于《尔雅》中，后使用范围和频率有所增加。

考究茶作为一种饮品的发源时间，最早可以追溯到远古时期的神农氏。神农氏作为我国历史上三皇五帝中的炎帝，有着很多神奇的传说，在中国文化发展史上，往往是把一切与农业、植物相关的事物起源都归结于神农氏，其中为大家耳熟能详的故事就是神农氏尝百草，茶的发现也包括在内。陆羽《茶经》载，“茶之为饮，发乎神农氏”。一种传说是神农氏为了给百姓治病，曾遍尝百草，某一日却不幸中毒，幸好发现茶树，服用茶叶而解毒得救。

神农尝百草，日遇七十二毒，得茶而解之。

——《神农本草经》

还有一种民间传说是神农氏在煮水时，刚好有几片叶子飘进锅中。煮好的水，其色微黄，喝入口中生津止渴，提神醒脑。以神农过去尝百草的经验，判断它是一种药。不管传说中神农氏是如何发现茶的，茶就这样进入了人们的视野，并逐渐被人们所熟悉，也因此被后人尊神农氏为“茶王”。不过，在茶被世人发现后，很长一段时间内是被人们从野外采摘来，主要用于解毒和治病，甚至有时还被作为一种蔬菜来食用以及被作为祭祀之物。“古者民茹草饮水”，从这一角度而言，先秦时期的人们把茶当作一种食物。

茶树特别受世人重视，人们对野生茶树进行人工栽培，很可能在商周时期。据东晋常璩所撰《华阳国志》记载，早在商周时期，西南夷中的濮人已经开始种茶和利用茶了。周武王伐纣时，巴蜀地区还将茶作为贡品贡献给周武王。

“武王既克殷，以其宗姬封于巴，爵之以子。其地东至鱼复，西至僰道，北接汉中，南极黔、涪。土植五谷，牲具六畜。桑、蚕、麻、纻，鱼、盐、铜、铁、丹、漆、茶、蜜、灵龟、巨犀、山鸡、白雉，黄润、鲜粉，皆纳贡之。”还载：“涪陵君，巴之南鄙……惟出茶、丹、漆、蜜、蜡。”

——《华阳国志·巴志》

综合这则记载可知，武王伐纣出兵后，巴蜀一带将茶叶和其他特产一起作为“纳贡”珍品，这是茶叶作为贡品的最早记录。但当时的茶并不是用来饮用的，而是举行丧礼大事时不可缺少的祭品。必须有专人负责掌管，由此可知茶在当时极受重视。

茶作为贡品后，它的社会地位逐步提高，但成为普及性的饮品，经历了很长时间。

（二）中国饮茶史

中国是茶树的发源地，从漫长的历史长河中加以考察，茶树被发现及茶作为饮品被普及有一个较长的发展过程。

在茶被发现后，人们就对它进行了不同方式的实践，所以有一种关于茶功能起源说是茶作为食物、饮料等是同步出现的，利用茶的方式方法可能是作为口嚼的食料，也可能作为烧煮的食物，同时也逐渐作为药物饮用。自开始有茶起，直到战国时期之前的很长时间内，茶树主要分布在西南地区，并以“贡品”的形式进入中原地区，作为饮品的认可和传播范围有限。随着人们对茶的实践，由祭品而采食，而药用，直到成为饮料。战国时代，群雄角逐，诸侯争霸，战乱频繁，百姓为避战乱，谋求生存而四处逃亡，呈现出较强的流动性。随着人口流动的频率增加、迁徙规模的扩大，茶也随之慢慢迁移到其他地区，从巴蜀一带自西向东、向南往长江中下游、淮河流域传播开来。秦朝灭巴蜀后，在扩展疆土的同时，还有另一个收获，那就是发现了茶，饮茶之风逐渐传播开来。秦统一六国后，四川的茶树栽培、茶叶制作技术向陕西、河南等地传播，后逐渐沿着长江中、下游推移，饮茶之事自秦后成为一种风尚。西汉时，饮茶之风更为盛行，而茶叶也发展成为商品，并出现了茶叶生产地、销售的集散地。西汉宣帝时期王褒所写的《僮约》提到“武阳买茶”，说明茶叶已经变成了一种可以自由买卖的商品，有了家喻户晓的市场。西汉宣帝神爵三年（公元前 59 年）正月里，资中（今四川资阳）人王褒寓居成都安志里一个叫杨惠的寡妇家里，杨氏家中有个名叫“便了”的髯奴，在正月十五元宵节这天，王褒从杨氏手中买下便了。在与他签订的买卖契约中，列出了名目繁多的劳役项目和干活时间安排，其中与茶相关的活计是煎好茶并备好洗净的茶具、外出到邻县武阳买回茶叶。

> 舍中有客，提壶行酤，汲水作哺。涤杯整案，园中拔蒜，斫苏切脯。筑肉臛芋，脍鱼炰鳖，烹茶尽具，已而盖藏。……牵犬贩鹅，武阳买茶。
>
> ——王褒《僮约》

在当时的巴蜀地区，南安、武阳皆出名茶（《华阳国志·蜀志》载），所以王褒才会让“便了”到武阳买茶。从这则史料中我们可以看出，产茶地区已将茶叶作为商品在市场上进行销售，饮茶已经在中上层社会中流行开来，西汉时期饮茶之风走向兴盛。

当时的人们已经开始人工栽培茶树了，并根据茶叶的加工工艺和品质来择优挑选。据史料记载，东汉时的葛玄（公元164—244年，字孝先，丹阳句容人，三国著名高道，道教灵宝派祖师）就曾在天台华顶山、临海盖竹山、三门丹丘山、仙居括苍山等地开辟茶园，修炼神丹，种茶饮茶，怡然自得。是迄今有文字记载、有遗址遗迹可考的人工种茶第一人，为浙江地区茶树的栽种、茶文化的兴盛和发展奠定了基础。[①] 魏晋南北朝饮茶之风盛行。士大夫为了保持头脑清醒，举止雅观，常常以茶代酒，从而推动了民间饮茶之风的兴盛。当时的人们无论贫富贵贱，都将茶视为不可缺少的一种饮料，并以饮茶为乐事，“客来敬茶”已成为社会上一种普遍的风尚。据《广陵耆老传》中记载：“晋元帝时有老姥，每旦独提一器茗，往市鬻之，市人竞买。”说明饮茶已逐渐成为日常习惯。东晋时，北方士族南迁，当时南方的饮茶之风十分盛行，以茶待客成为文人们交往必不可少的元素，所以

---

① 许尚枢：《葛玄与天台山茶文化圈》，《中国茶叶》2017年3月。

南迁的士族也渐渐地受到影响，形成了饮茶之习。《晋书》里记载："桓温为扬州牧，性俭，每燕饮，唯下七奠拌茶果而已。"魏晋南北朝时期，社会动乱，诸多士人为逃避现实而寄情于品茶作诗，由此更加刺激了茶叶作为饮料的普及率，以茶代酒渐成风气。随着饮茶风气的日益盛行，人们也开始普遍人工栽培茶树，且规模逐渐扩大，茶树栽培又逐渐向长江中下游扩展，传至南方各省。为什么茶树大都生长在南方呢？这与茶树的生长习性息息相关。茶树对生长环境要求极高，喜温暖、喜湿、耐阴。四川、湖北、浙江、安徽、福建等地区，山川俊秀，水质优良，土壤肥沃，草木丛生，尤其是高山地带，云雾缭绕，空气清新，湿度较大，昼夜温差悬殊，非常有利于茶叶中有机物的积累。优越的生态环境为茶树生长提供了得天独厚的条件，所以这些地区的茶树种植规模较大，也是日后茶叶输出的重要地区。

唐代时期，社会经济繁荣，饮茶之风在全国范围内盛行，"比屋之饮"，可见饮茶之流行。茶深受老百姓欢迎，茶道之风也渐兴盛起来，饮茶之俗流于塞外，使茶的生产和消费都走向兴盛。陆羽《茶经》的问世，使得"天下益知饮茶矣"。陆羽（733—804年），字鸿渐，唐朝复州竟陵（今湖北天门市）人，自幼学禅饮茶，耿湋在《连句多瑕赠陆三山人》中称陆羽"一生为墨客，几世作茶仙"，这个评价对于茶圣陆羽来说应该是非常精当的。陆羽生于唐玄宗开元年间，是个弃儿，被笼盖寺的和尚积公大师抚养。积公好茶，陆羽很小便习得茶艺之道。12岁时，陆羽告别寺院生活，开始流浪，安史之乱中，他流寓浙江、江苏、江西等地，后流落湖州（今浙江省湖州市），定居达26年之久。湖州是优良的茶叶产区，正合陆羽心意，他搜集了大量关于茶的采制、生产等资料，并结交了很多茶友，对当地的茶文化有了更深层次的了解。陆羽生活在茶乡，对于饮茶有了更多的人生感悟，同时也有了向世人介绍饮茶和茶学知识的强烈欲望。经过一年多的努力，陆羽在研读各类经典、亲自调查和实践的基础上，写出了《茶经》初稿。之后，陆羽又对《茶经》作了几次修订，终于完成了《茶经》这部不朽著作。《茶经》作为世界上第一部茶叶专著，一经问世后，当即引起世人关注，被誉为“茶叶百科全书”。茶圣陆羽也因著《茶经》而声名鹊起，并受到了朝廷的关注，但他无心仕途，仍在民间逍遥，晚年移居江西上饶，继续过着饮茶悟道、自得其乐的潇洒生活。因《茶经》的问世，精于茶道的陆羽也因此被称为“茶圣”。

《茶经》全书分上中下三卷共十部分，约七千余字，对唐代之前的史料进行了较为系统的整理，且分门别类地陈述了茶树起源、种类、特征、栽培方式、名茶产地和茶叶的制作、名品、茶具、煮饮等，还细致描述了茶的历史典故、产地等人文因素和自然因素。此书面世之后，带动了一批文人骚客介入茶事活动，更是推动了唐朝茶文化的发展。唐代封演的《封氏闻见记》曰：

> “楚人陆鸿渐为《茶论》，说茶之功效并煎茶之法，造茶具二十四事以都统笼贮之。远近倾慕，好事者家藏一副。有常伯熊者，又因鸿渐之论广润色之。于是茶道大行，王公朝士无不饮者。”（唐·封演《封氏闻见记》卷六“饮茶”）

唐代饮茶蔚然成风，饮茶盛行于各个阶层，茶叶成为生活必需品，大大促进唐朝茶业经济的繁荣，茶的种植规模和加工工艺也达到了一个新的高度，其中产茶州郡达 78 个，分布于今天的 15 个省市，而且茶业市场不断扩大。[①] 在这种情况下，北方也开始和南方一样，崇尚饮茶。

> “南人好饮之，北人初不多饮。开元中，泰山灵岩寺有降魔师大兴禅教，学禅务于不寐，又不夕食，皆许其饮茶。

① 《中国茶文化丛书·纪茗》，浙江摄影出版社，2006 年，第 5 页。

人自怀挟，到处煮饮。从此转相仿效，遂成风俗。自邹、齐、沧、棣，渐至京邑，城市多开店铺煎茶卖之，不问道俗，投钱取饮。其茶自江、淮而来，舟车相继，所在山积，色额甚多。”

——（唐·封演《封氏闻见记》卷六“饮茶”）

北方人日常多饮用酪浆，饮茶之风传入北方后，北方各阶层也开始效仿南方饮茶的习惯，使得大批量的茶叶由南方运往华北地区，从山东、河北到河南、陕西，通都大邑都可见开设的茶馆，“自邹、齐、沧、棣，渐至京邑。城市多开店铺煎茶卖之”，将饮茶之盛景生动地展现出来。

唐朝，社会经济发展迅速，文化繁荣，出现了两个盛世局面，即贞观之治和开元盛世。在社会繁荣之下，茶文化也发展繁荣起来。在盛唐时期，上至王公贵族，下到贩夫走卒，无不饮茶。饮茶之风甚至不限于在中原内地盛行，在远离内地不产茶的西藏、新疆、内蒙古等边疆少数民族地区也开始流行饮茶。据《唐国史补》记载：唐德宗建中二年（781），监察御史常鲁出使吐蕃，在帐中煮茶，赞普问他在煮什么。鲁公回答道是“涤烦疗渴”的茶。赞普则说他也有，于是命人取出了来自寿州、舒州、顾渚等地的茶叶。（常鲁公使西番，烹茶帐中，赞普问曰：“此为何物？”鲁公曰：“涤烦疗渴，所谓茶也。”赞普曰：“我此亦有。”遂命出之，以指曰：“此寿州者，此舒州者，此顾渚者，此蕲门者，此昌明者，此㴩湖者。”——《唐国史补》）

由此可见，茶叶早已传入西藏，但是赞普依然对烹茶之事感到陌生，可知茶叶传入西藏与西藏流行喝茶的时间是不同的。

中唐后，由于陆羽积极倡导，使饮茶人的思想境界得到一定的升华，在饮茶时追求茶汤的真味成为人们的精神享受。而饮茶之盛以及茶叶的丰厚利润，更让唐王朝看到了经济效益。安史之乱以后，国库空虚，为增加国库收入，唐德宗李适于建中四年（公元783年）开始征收茶税，“诏征天下茶税，十取其一”，并设立了“盐茶道”等官职。宣宗大中六年（公元852年）盐铁转运使裴休制定了“茶法”12条，严禁贩卖茶叶。茶税之法从此被建立起来，以后的历朝历代多有修订，逐渐完善，一举成为国家财政收入的重要渠道之一。

宋代饮茶风气非常兴盛，茶业不只是民众的日常小事，还是关乎国计民生的大事。当时，大大小小的茶馆、茶楼数不胜数，遍布南北城市的大街小巷。汴京和杭州城内的闹市和居民聚集之处，各类茶馆鳞次栉比，热闹非凡。上至士大夫、达官贵族、文雅之士，下至贩夫走卒，选择会见亲朋好友、歇脚之处的首选之地都是茶馆或茶楼。在茶业中心方面，由于气候转冷，长江中下游地区已不适合茶树生长，而位置偏南的福建省气候温暖湿润，非常适合茶树生产，因此，宋代茶叶生产的中心移至福建建安地区。此时的茶和米盐具有同等地位，成为百姓日常生活中不可或缺的一部分。因此，国家更加重视茶产业的发展，茶法日益完备，并建立了茶叶专卖制度，茶税征收更为严厉，颁布了如三税法、四税法、见钱法等税制，并在全国设榷货务6个，山场13个，专门负责茶叶生产与贸易活动。宋徽宗时期，饮茶之风更盛，甚至开启奢靡之风。大观元年（公元1107年），宋徽宗赵佶撰写《大观茶论》，这是我国历史上唯一由皇帝撰写的茶书，对饮茶之风尚起了推波助澜的作用。在此时期，饮茶风俗不断向北、向西传播，且茶在边疆塞外有了广阔的市场。政府也看到这一市场的潜力，牢牢掌握榷茶之利，于今晋、陕、甘、川等地广开马市，又在川、秦两地设立马司和茶司，用茶换取吐蕃、回纥、党项等少数民族的马匹。所以茶在宋代除了是百姓日常生活必需品外，还成为国家重要的战略物资。

宋代是茶文化发展最兴盛的时期。在饮茶方面，从茶叶采摘、制作、烹饮无不精致讲究，在王公贵族之间还想方设法翻弄出新花样，如斗茶（又称茗战、点茶）。斗茶始于唐代，是每年春季新茶制成后，茶农和茶客们比新茶优良次劣排名顺序的一种比赛活动。随着活动的发展，宋代的斗茶已经发展到了一个新的阶段，成为就茶叶质量优劣进行比拼、品鉴的社会化活动，还对后世产生了深远的影响。开展斗茶活动时，场面非常热闹有趣，淡雅芬香，韵味悠长。斗茶胜负的判断标准，一是汤色，二是汤花（即指汤面泛起的泡沫）。由于斗茶的雅俗共赏及娱乐性，上至朝廷下至民间纷纷效仿。在上层社会的贵族间，斗茶发展为一种高雅的娱乐活动，以鉴赏茶品为主，所用到的茶具十分讲究，形制精巧细致，都是金玉之器或官窑名瓷，质地非常讲究。关于斗茶的场景，北宋时期著名政治家、文学家范仲淹曾写过一首《斗茶歌》，对其进行了细致有趣的描述，生动地将斗茶的场景呈现在读者面前。全诗共六韵二十一联，第一部分写茶的生长环境、建安茶的悠久历史及采制过程；第二部分着重写斗茶所用之器具、水、茶滋味及胜负者的表现；第三部分以用典的手法，夸张地将茶的神奇功效与典籍故事相结合，尤其是最后一句，将人们对斗茶活动的喜爱与推崇描写得非常生动。

年年春自东南来，建溪先暖冰微开。
溪边奇茗冠天下，武夷仙人从古栽。
新雷昨夜发何处，家家嬉笑穿云去。
露芽错落一番荣，缀玉含珠散嘉树。
终朝采掇未盈襜，唯求精粹不敢贪。
研膏焙乳有雅制，方中圭兮圆中蟾。

北苑将期献天子，林下雄豪先斗美。

鼎磨云外首山铜，瓶携江上中泠水。
黄金碾畔绿尘飞，碧玉瓯中翠涛起。
斗茶味兮轻醍醐，斗茶香兮薄兰芷。
其间品第胡能欺，十目视而十手指。
胜若登仙不可攀，输同降将无穷耻。

吁嗟天产石上英，论功不愧阶前蓂。
众人之浊我可清，千日之醉我可醒。
屈原试与招魂魄，刘伶却得闻雷霆。
卢仝敢不歌，陆羽须作经。
森然万象中，焉知无茶星。
商山丈人休茹芝，首阳先生休采薇。
长安酒价减百万，成都药市无光辉。
不如仙山一啜好，泠然便欲乘风飞。
君莫羡花间女郎只斗草，赢得珠玑满斗归。

——《和章岷从事斗茶歌》

除了斗茶，还有一种分茶的茶艺。分茶是一种更为精巧、奢华的饮茶艺术。文人墨客乐于茶诗创作，描绘了分茶活动的情景。杨万里所著的《澹庵坐上观显上人分茶》，诗中就详细地描写了分茶之情景。

分茶何似煎茶好，煎茶不似分茶巧。
蒸水老禅弄泉手，隆兴元春新玉爪。
二者相遭兔瓯面，怪怪奇奇真善幻。
纷如擘絮行太空，影落寒江能万变。
银瓶首下仍尻高，注汤作字势嫖姚。
不须更师屋漏法，只问此瓶当响答。
紫微仙人乌角巾，唤我起看清风生。

京尘满袖思一洗，病眼生花得再明。

叹鼎难调要公理，策动茗碗非公事。

不如回施与寒儒，归续茶经傅衲子。

——《澹庵坐上观显上人分茶》

元朝时期，由于统治者不尚饮茶，甚至将其视为无用之物，造成茶叶发展停滞。民间一般只饮散茶、末茶，饼茶与团茶主要用于贡品，饮茶之风由前期的兴盛出现了转折。在饮茶方式上，自汉至唐宋，随着制茶技术和饮茶风俗的发展，从茶饼碾碎煎煮加佐料到不加佐料，及至元代末年改为了散煎煮，明代则直接用开水泡饮。明清时期，是我国茶叶历史上一个重要的转折时期，也是茶文化发展史上又一个高峰期。唐宋两代，茶叶加工都采取蒸捣制作团茶，品饮时碾末烹煮。明太祖废除团茶，在制茶工艺上推崇炒青制茶，也渐渐不再碾末烹煮，而是直接用沸水冲泡即可。此时期，把团茶变成散茶，把蒸青法改为炒青法。明代对炒青制茶工艺颇为自得，认为团茶碾末煮饮，有损茶的真味，味道上远不如芽茶香气纯，即知味自然。也正因为如此，明人饮茶重香、色、味，保持天然之趣，所采用的饮茶方式就是泡饮，这种方式后来逐渐成为占据主导地位的饮茶方式，饮茶场所也由以前的户内移至户外。茶的加工炒制方法和品饮方式都有了创新，品种也日益增多。在散茶撮泡的饮茶方式日益兴盛后，茶叶品名大量涌现，而且茶叶的产地也逐渐增多，"乃知灵草在在有之"，如同繁星散落人间。随着炒制技术的改进，茶叶的外形也多种多样，有卷曲、团圆球、扁平等各种形状。

明代茶叶在生产、制作、销售等方面都有了较大发展，恢复了宋代以茶治边的政策，实行贡茶制度改革，促进了明朝茶叶产业的发展。茶也由此成为财政收入的重要来源，尤其是明末时期生产的绿茶、红茶、乌龙茶等出口西欧，成为国家对外贸易的大宗商品，在国家财政收入中的比重也不断增加，很大程度上增加了国家财政收入。此外，明代茶法细致、完备，茶法的执行更为严格，一是体现在茶马交易上，官方茶业经营，以茶叶交换马匹等战略性物资；二是以茶引为执照，管理茶商、茶馆、茶户等，规定交易的地域范围和茶叶数额等，依法征税；三是对贡茶的产地、采摘、制作、运输等进行严格管理。这些都表明茶叶作为重要经济作物在国民经济中的地位。

在清朝，清政府放宽了对茶叶的限制，促使茶树的栽培、种植更为普遍，各种名茶都形成了自己的特色，除了绿茶、黄茶、黑茶，还创制出了红茶、乌龙茶，花茶，也具有了固定的产地和名品。清代已有六大茶类，分别是绿茶、红茶、黄茶、白茶、乌龙茶、黑茶。（根据陈宗懋主编《中国茶经》）到了清代，民间喝茶更加普遍，而且在内涵上显得更为丰富。清代茶法基本延续了明代茶法的规定，茶马互市盛于明清的西北地区，其他省则颁布“茶引法”进行管理经营。清代“茶引”分“长引”和“短引”两种，长引行销外路，有效期为一年，期满上交，次年再颁，如若伪造或非法贩卖茶叶，按律治罪。当时各省都设有官署，称谓不一，如五茶马司、监茶道等，设立了一个专门负责茶叶贸易的官职。而在销售方面，在世界茶叶市场上，中国强势垄断茶叶的出口，广州、上海、汉口、福州、天津等地，都成为对内和对外茶叶贸易的重要商埠。总的来看，清代茶叶一部分销往陕西、青海、新疆、内蒙古等西北地区，一部分则远销俄罗斯、日本、欧美国家和南洋地区。英国与中国的贸易尤其是在茶叶贸易过程中出现贸易逆差，为改变这种贸易逆差，英国将大量的鸦片输入中国，甚至挑起战争。随着帝国主义侵略的不断加深，中国主权不断丧失，茶叶生产和出口都遭受严重打击。清末，内忧外患，茶产业在战火纷争中也受到冲击，发展一度迟滞，甚至处于崩溃的边缘。

二、茶的功效

中国人喜欢喝茶是众所周知的。所谓柴米油盐酱醋茶，是生活中的“开门七件事”，其中，茶叶这一源于中国的特殊饮料，对于我们中国人来说实在是太普通了。但就是这么一种最普通的饮品已从中国传播到世界各地，引领饮品新潮流，至今兴盛不衰。那为什么全世界人民都爱喝茶呢？喝茶有什么好处？这需要从茶的功效说起。

茶，性微寒，回甘，具有提神醒脑、健身、疗疾的功效，又可以陶冶情操，作为世界三大饮料（茶、咖啡、可可）之一，最早的功效记载是作药用，茶叶中含有的茶多酚、咖啡碱和多糖等，都是对人体有保健和药效的成分。喝茶能增强体质，防治各种疾病，且副作用小。在中国古代，茶的药效就已得到人们的普遍认可。唐代的陈藏器提出：“茶为万病之药。”讲出了茶与药的关系，虽然言语有些夸张，但可以看出，当时茶的药效被大众熟知并认可，且有着较高的评价。《新修本草》将茶列于木部中品，其言：“茗，味甘、苦，微寒，无毒。主瘘疮，利小便，去痰、热渴，令人少睡，秋采之。”明代李时珍的《本草纲目》中说道：“茶苦而寒，阴中之阴，沉也，降也，最能降火。火为百病，火降则上清矣。然火有五，火有虚实。若少壮胃健之人，心肺脾胃之火多盛，故与茶相宜。”在这里，李时珍认为“火为百病”，而茶有降火的功效，药用功效体现在此。此外，中国古人曾认为茶有十德：以茶散郁气，以茶驱睡气，以茶养生气，以茶除病气，以茶利礼仁，以茶表敬意，以茶尝滋味，以茶养身体，以茶可行道，以茶可雅志。由此可见，在古人的认知世界里，茶在治疗疾病上有特殊的功效。

据现代科学分析和鉴定，茶对多种疾病都有治疗的功效，而且有延年益寿、抗老强身的作用，同时具有安神、明目、消食、消暑、去肥腻、通便等功效。小小的茶叶，为什么会有这么多的功效呢？这是由茶叶所含的物质决定的。经过现代科学的分离和鉴定，茶叶中含有机化学成分达450多种，无机矿物元素达40多种。其中含有许多营养成分和药效成分。茶叶中有机化学成分主要有：茶多酚类、植物碱、蛋白质、氨基酸、维生素、果胶素、有机酸、多糖、糖类、酶类、色素等。无机矿物元素主要有：钾、钙、镁、钴、铁、锰、铝、钠、锌、铜、氮、磷、氟、碘、硒等。[①] 在茶叶所含的这些成分中，茶多酚的含量最多，这种物质是一种天然高效的自由基清除剂，也是茶叶发挥其健康保健功效最主要的物质。据研究发现，茶叶中的茶多酚（主要是儿茶素类化合物）具有抗氧化、降低血脂、抗炎、抗菌、减少体脂形成、改变肠道菌群生态等多种功效。不同品种的茶树鲜叶具有不同的品性，适宜制作不同的茶类，由此功效各有千秋。如含氮化物高的茶鲜叶适宜制作绿茶，茶多酚含量高的茶鲜叶适合制作红茶。可以说，人体健康和生长所必需的营养要素，茶叶之中都含有。茶叶含有如此丰富的营养成分，在解渴的同时还给人体补充了营养物质，满足了人们对健康生活的追求，自然备受人们喜爱。也正是因为这些有益成分，茶成为全世界饮品界的宠儿。

因为茶叶中所含有的营养成分，使其还具有一种为人们所追捧的功效，即刮油去腻，也正是因此，在中国古代产自南方的茶叶才备受以肉食为主的边疆游牧民族的喜爱。茶树鲜叶经过一系列的加工工艺所成的制成品叫干茶，茶叶加工时采用杀青、萎

① 郑国建、闫洁：《中国：茶与茶文化的故乡》，《食品安全与消费·茶叶篇》，《标准生活》2012年第9期。

凋、揉捻、发酵、干燥等复杂的处理方法，制成各种茶类，茶叶中所蕴含的维生素、矿物质、微量元素、茶多酚、茶多糖等成分在加工过程中一般不会受损。干茶只要得到适当的存储，就可以长途运输，跨区域销售，实现世界范围内的销售。在中国古代，边疆地区的少数民族由于其特殊的生活生产习惯，对茶的功效十分认可，想尽办法从中原王朝获取茶叶。宋代，因其特殊的历史背景，成为中国历史上民族大融合的重要时期。当时周边的少数民族，尤其是西部少数民族经常与内地进行茶马交易，而且数量庞大。青海、甘肃以及西藏等地都是著名的产马区，但是这些地区属于高原地带，气候干燥，不利于植被的生长，居民普遍以牛羊肉为主要食物，日常食用蔬菜较少。生活在北方草原的蒙古族，属于典型的游牧民族，经济结构较为单一，以放牧为生。他们的饮食结构也很单一，长期以食用牛羊肉、喝牛奶为主，食用富含维生素的蔬菜和水果较少，因此体内缺乏这些营养素。在西伯利亚地区生活的游牧民族由于长年生活在高寒地带，以肉类食物为主，很少摄入富含维生素的蔬菜。但每日以牛羊肉作为口粮，不易消化，如果没有蔬菜来补充维生素，很容易大便不畅，时间久了就会得病。所以他们必须在食用牛羊肉后饮茶，以此补充人体所需的营养素，同时刮油去腻。由此他们将茶视为通便神药，茶在他们那里也被视为“第二粮食”。从某种程度上来说，茶是生活必需品，经过漫长的时间，他们对茶有了一种生理上的依赖。谭方之所著《滇茶藏销》一书中指出：“非如内地之为一种嗜品或为逸兴物，而为日常生活上必需，大有‘一日无茶则滞……三日无茶则病’之概”。“以其腥肉之食，非茶不消。青稞之热，非茶不解。”

在饮用方法上，少数民族由于生活地域的不同也有不同。北方草原地区的蒙古族习惯先用砖茶熬制成茶汤，后加牛奶熬制成奶茶饮用。以茶和奶熬制而成的奶茶，不仅有助消食、化解油腻，还可以补充他们日常所需蔬菜的营养，因此备受蒙古族人民的喜爱。在藏区，人们则喜欢以茶为主料调制成酥油茶。清末的陈渠珍（公元 1882—1952 年，人称“湘西王”）在 1909 年奉赵尔丰命，随川军钟颖部进藏，记录下当地的风土人情、社会生活，其中关于藏族饮茶（红茶）有所论述：

> 康藏一带，气候酷寒，仅产稞麦，故僧俗皆以糌粑为食，佐以酥茶，富者间食肉脯，以麦粉制为面食者甚少也。糌粑制法，以青稞炒熟磨为细粉，调和酥茶，以手抟食之。酥茶者，以红茶熬至极浓，倾入长竹筒内，滤其滓，而伴以酥油及食盐少许，用圈头长棍上下搅之，使水乳交融，然后盛以铜壶，置火上煎煮。食糌粑时，率以此茶调之。且以之为日常饮料。藏民嗜此若命，每饮必尽十余盏。
>
> ——《艽野尘梦》

生活在北方草原的游牧民族食肉饮酪，对富含营养物质的茶形成了一种生理上的需求和依赖，因此把南方的茶叶蒸压成体积小、不易受潮、便于长途运输的砖茶，主要以车马为交通工具，跨越千山万水，历时数月，络绎不绝地运输到北方地区。由此，边疆少数民族成为中国砖茶稳定而庞大的消费群体。

另外，茶对于少数民族来说，不再只是一种生活必需品，更是一种精致生活的代表、精神的寄托。如在蒙古地区，随着藏传佛教的传播，茶在当地被赋予了精神特质。在崇奉佛教时，虔诚的信仰者也会将生活必需品——茶，作为重要的供品，即以茶事佛，以示虔诚之心。茶在唐代传入藏区后，在当地寺院的提倡和改造下成为了藏民的生活必需品，同时也是信仰之物，由此使得茶在信仰层面也就有了一种精神特质。

饮茶除了喜爱它以外，在历史发展过程中也成为一种雅兴。

茶，具有色、香、味、形的美感，蕴含着丰富的文化色彩，尤其是在文人骚客的笔下，茶不仅是一个世界的缩影，还是人生的体现。当你饮一杯清茶时，不仅可以感受到大千世界的绚烂多彩，还能更深入地体味到酸甜苦辣及人生百态。纵观历史长河中的诗词、曲赋、书画、民间传说、戏剧等文学作品，茶成为了歌咏的对象。关于茶的作品，数千年以来更是繁若星辰，历经时间的锤炼与积累后，在今天依旧散发着无穷的魅力。

三、茶文化的发展

（一）中国茶文化的发展历程

中国作为茶的故乡，源远流长的茶叶历史以及饮茶风尚，逐步形成了五彩缤纷的茶文化。什么是茶文化？茶被发现、利用、加工制作、饮用以及由其所延伸发展出来的饮茶器具、饮茶环境和饮茶境界，可以说都是由茶所发展起来的文化，这就是我们所说的茶文化。有学者指出茶文化包含了三层意义：一是它的表层，这是由茶树、茶叶，种、采、制、饮茶的器具等构成的物质层面；二是它的中间层，这是由种、采、制、饮的程序方式及茶法所构成的心与物的结合层面；三是它的核心，这是由品茗而积淀的文化心态及生活、审美情趣所构成的心理层面。[①]

正是因为有了茶文化，我们的世界才会更精彩，生活才能过得更加多姿多彩。中国作为茶文化的发源地，茶文化以种茶、制茶、饮茶、咏茶等形式发展起来，从西汉时期到南北朝时期，是茶文化的萌芽阶段，唐宋时期发展成熟，明清时期日益繁盛。尤其在明清时期逐渐出口茶叶，茶叶进入世界市场后交易量逐渐提

① 周颖：《茶文化的孕育与诞生探析》，《农业考古》2004 年第 2 期。

高，中国一度成为世界上第一大茶叶出口国。中国茶叶在满足世界各国需求的同时，茶文化作为古老文明中的一部分也随之输向世界各地，由此影响和推动了世界茶文化的兴起、发展，对人类文明发展作出了重大贡献。

茶作为“开门七件事”之一，成为百姓生活中不可缺少的物品，超出了作为一般饮品的意义。唐朝，饮茶自上而下普及后，茶事就不再是一种简单的活动，渐渐发展成为一种充满文化气息的艺术，极大地推动了中国茶文化的发展。陆羽的《茶经》问世后，茶文化有了新的发展，一是使茶叶生产有了较为完整的科学理论依据，二是对茶叶的生产和发展起到了巨大的推动作用。自陆羽著《茶经》之后，茶叶专著陆续问世，犹如盛世之花让茶文化向兴盛发展，如温庭筠的《采茶录》、蔡襄的《茶录》、宋徽宗赵佶的《大观茶论》等，这些论著将茶文化推向了一个新的境界。如果我们认真考察茶文化，会很明显地发现它是随着茶的发展而形成的。魏晋以来，饮茶已成为人们日常生活中的重要内容，在社会上，饮茶也成为标榜节俭的重要方式，咏茶的诗句也陆续出现。许多文人雅士在品茶之时，有感而发，创作出诸多与茶相关的诗句，有的写茶之滋味，有的写饮茶情绪等，如张载的“芳茶冠六清，溢味播九区”（《登成都楼》），孙楚的“姜、桂、茶出巴蜀，椒、橘、木兰出高山”（《孙楚歌》）。但在此时，茶还没有像酒一样，成为士族们的精神寄托物。到了唐朝时期，茶有了新的发展，更是达到了一种高峰，已经不作为一般的日常饮料了，而是开始成为一种优雅的生活艺术，从王孙贵族到平民百姓，都乐于倡导“以茶养廉”“以茶入礼”，将饮茶提升到一种精神文化的层面。唐代作为中国历史上文化繁荣的时期之一，茶文化在盛世的影响下也得以迅速发展。唐建中年间，北方的饮茶之风日盛，随着佛教盛行，饮茶盛行于黄河、长江流域，甚至传播到塞外。安史之乱后，在佛教的南禅北禅两大门派的影响下，士大夫阶层的思想也发生了变化，他们饮茶参禅，开始追求淡雅清净的情趣和本心。中唐封演《封氏闻见记》卷六饮茶载：

> 开元中，泰山灵岩寺有降魔师大兴阐教，学禅务于不寐，又不夕食，皆恃其饮茶。人自怀挟，到处煮饮。从此转相仿效，遂成风俗。起自邹、齐、沧、棣，渐至京邑。城市多开店铺，煎茶卖之，不问道俗，投钱取饮。其茶自江淮而来，舟车相继，所在山积，色类甚多。

茶与禅的结合，将饮茶的思想境界迅速提高到了新阶段，饮茶成为士大夫们追求禅境的最高寄托。至此，原本的普通饮料，具备了更深的文化和精神内涵，茶文化由此而飞速发展。

到了宋代，茶文化继续发展深化，形成了特有的文化品位，出现了斗茶、点茶，茶艺文化成为宋代茶文化的突出特色。元代时期茶文化的发展不如唐宋时期。明代时，茶文化又有了新的发展。在当时，有关茶的书籍开始增多，如夏树芳的《茶董》二卷（录南北朝至宋金时期茶事）、朱权的《茶谱》、陆树声和终南山僧明亮同试天池茶而作的《茶寮记》、张源的《茶录》等，这些著作将茶文化的发展推向一个更为系统的发展阶段。到了清代，茶文化又有了长足的发展，清代的统治者酷爱饮茶，也对茶风尚的流行起到了积极的推动作用。明末清初的历史大变局，促使茶文化向民间发展，具有了世俗化的特点。在清朝近三百年的时间里，茶文化与人们的日常生活、伦常礼仪结合起来，逐渐形成一种普遍的民族习惯，茶礼、茶俗得到进一步发展，茶成为家家户户礼神祭祖，居家待客的一种固有礼仪。

另外，需要重点提到的是，在茶文化的发展中，有两个重要体现。一是在中国古代，佛、道、儒思想对茶文化的发展起到了较大影响。佛教传入中国以后，也走入了寻常百姓家。魏晋南北朝时期，佛教得到了广泛的传播，到隋唐时期是佛教繁荣时期，而这时饮茶之风渐盛，佛家为茶文化提供了哲学思想和修行理念，或者说茶文化融合了佛教的思想精华，如禅宗讲的平常心、直心、“一期一会”等思想和饮茶所倡导的体悟人生、积极向上的生活境界是一样的，所以当时的饮茶清思成为参禅悟道者的一种修行和追求。据此可见，在某种程度上茶与佛教在历史发展过程中于内在精神上达成了一种契合，而这种契合之处也推动了茶文化的发展。道教是中国本土宗教，主张“天人合一”，重视养生，而这些思想与茶文化中的儒雅、养生、随性不谋而合。茶的功效之一即利于身心，也与道教的养生观相融合，主张在宁静的环境下，品味茶的朴素、天然，而茶的清淡、高雅，吸收天地之灵气，与人性的虚、静、淡最为接近。另外，道教形成之后，茶渐渐就变成了一种养生、祛病、辟邪之物，道士称茶为“仙草”，这和道家追求长生不老的观念联系到了一起。中国历代茶人将道法自然作为茶事的主要标准，追求赏景品茶，在自然之境中感悟生活、体味人生。儒家对中国社会产生了积极影响，其主张入世，强调社会关怀与道德义务，有着严格的道德规范，提倡格物、致知、正心、诚意、修身、齐家、治国、平天下，“仁”是儒家思想的核心。这些思想也都被茶文化所吸收。儒家士大夫们喜好饮茶，主张以茶来品味人生，追求闲适的人生，并着力在茶中寻找人生的意义。中国茶文化与佛、道、儒各家茶道的关系可见，茶文化吸收了佛教、道家、儒家的思想精华，将茶事与人的情感相融合，力求在修身养性中提升自身，由此也形成了独具特色的中国茶文化。

茶文化的另一个重要体现是追求真实、完美。中国茶家历来都注重“品真”，即体味茶本身。明人程用宾在《茶录》中言：“茶有真乎？曰有，为香，为色，为味，是本来之真也。”此处的

“真”是指茶本身所具有的香、色、味，品茶家们认为体味到这些，才是真正认识了茶的真谛。而要想得到绝佳的香、色、味，离不开对茶叶的选择、采摘的时间、制作的精良、收藏的妥当、恰当的容器、优质的水质、煮茶的把握。所强调的是品出茶的真味，是充分体现茶的自然美的重要一点。

（二）中国茶文化的发展特点

茶出自山野，吸收天地日月之精华，是一种颇具灵气的植物。中国人有着数千年的饮茶历史，茶已不只是滋味美好的饮料，饮茶重在一个“品”字，即在寻求茶本身的味道时，重在品味由茶所延伸呈现出的意境。在今天，饮茶已是一种雅中有俗，俗中有雅的乐事，无论哪个阶层总有爱好饮茶的人，根据个人口味来选择一种茶，浓淡相宜，自得其乐。而茶也不再仅是一种饮品，还是人们修身养性的一种方式。尤其茶文化在发展过程中，吸收了佛、道、儒的思想精华，将饮茶的境界向更深层次的文化素养、人格熏陶推动发展，呈现出一种新的境界。我们在饮茶时，既可以在品味茶的真谛中享受纯朴自然的乐趣，也可以用茶洗涤心灵，感悟人生。由此可见，茶在中国历史上是一种独特的文化载体，经过漫长的时间所形成的茶文化是一种物质文化和精神文化完美结合的中介文化。而我们从茶文化的历史发展和包含的丰富内涵可以看出，其具有以下几个明显的特点：

一是中国茶文化的发展具有明显的阶段性。从其发展的初期、低谷、高峰历程来看，可以分为几个阶段。早在先秦时期，茶文化就出现了萌芽，两晋南北朝是中国茶文化的酝酿时期，唐宋时正式形成并走向兴盛，明清时期是中国茶文化的转折期。明代，贡茶制度改革，使饮茶方式上出现了重大变化，清朝中期和后期，中国茶文化进入衰落期，中国一度甚至丧失茶叶市场的控制权。新中国成立后，我国茶叶产量发展很快，为茶文化的发展提供了坚实的物质基础。

二是茶文化在发展过程中受到诸多因素的影响。从茶文化的发展阶段来看，其与中国历史发展脉络相联系，如在盛唐时，茶叶发展也达到了高峰，产销地区不断扩大，茶文化的形成还与当时佛教的发展、科举制度、贡茶的兴起等有关。反之，奢华、繁琐的宋代茶艺，到了元代，又回归真朴，追求简约，重返自然，使得茶文化也面临逆境。再者，人们的生活需求对茶文化的发展起到了直接的推动作用，二者密切相关。这一点体现在，不同地区不同的民族发展出了独具特色的茶文化，如汉族在饮茶方式上喜好品茶和喝茶，少数民族地区的人们则根据当地不同的气候条件与生活习俗，喜好酥油茶（藏族）、咸奶茶（蒙古族）等。

三是茶文化在形成发展过程中不断去粗取精。茶文化由诸多方面组成，而这些都经历了漫长的发展、扬弃的过程。人们在对茶叶的认识、食用过程中，从生食茶叶，再到生煮、羹饮，由唐代的煮茶法，发展到宋代的点茶法，再到元明时期的撮泡法，在饮用方法上不断发展与进步。同样的，茶叶种类也经历了一个不断发展、扬弃的过程，由简单几种发展到今天的种类繁多。在茶的功效与作用上，最初发现的药用价值，到今天广为人们关注的医疗保健作用，也同样经历了一个发展、扬弃的过程，而在这一过程中，人们也注意到饮茶的前提是因人、因时、因茶，如此才能达到想达到的医疗保健效果。[1]

四是在茶文化的发展过程中，有着来自各方面的推动力，无论是帝王将相，平民百姓，还是文人雅士，宗教人士等，都对茶文化的发展起了推动作用。其中，帝王将相和贵族阶层因其具有

① 龚永新等：《中国茶文化发展的历史回顾与思考》，《农业考古》2015 年第 2 期。

特殊地位，对茶文化的发展影响较大；历代的文人雅士们对茶文化的形成和发展起到了极为重要的作用；普通百姓从自身生产和生活实践出发，在茶叶品种、花色等方面贡献了创新力，成为推动茶文化丰富发展的巨大力量群体。

五是从历史上看，茶文化的传播主要通过陆路和海路传播，中国茶叶传播到世界各地主要通过三个途径：一是派使节出使他国，将茶作为国礼，馈赠给出使国；二是学习佛法的僧侣或者使臣，将茶带到别国；三是通过古商道和国际贸易往来将茶以商品的形式销售到国外。

吸收天地之精华而从自然中脱颖而出的茶叶，以其无以复制的形态、精神自成系统，成为上天赐予世人的绝佳礼物。中国茶文化自魏晋以来，经过历史的淬炼、时间的洗涤、风雨的洗礼，赋予了民族、国家诸多独特的精神特质。茶，以其独特的力量，让中国走向世界，成为世界各国羡慕和向往的对象，塑造出了一种中国式的精神象征，而以茶塑造的东方特有之美，流传长久，经久不衰，遗惠后世。

第二章
茶马互市——万里茶道的历史起源

一、茶叶之秘——茶马互市的历史

（一）“茶马互市”之演变史

我们所熟知的“茶马互市”，起源于唐宋时期，是我国历史上西北地区少数民族间一种传统的以茶易马或以马换茶的贸易往来。从时间上看，茶马互市的雏形大约起源于公元 5 世纪的南北朝时期，唐朝时形成规则，宋朝时进一步完善，明朝沿袭了宋朝之制。

茶马互市为什么会出现呢？茶在中国有着悠久的历史，已经成为人们生活中不可或缺的饮品。但是限于茶叶的生长环境，茶树主要分布在亚热带低山丘陵地区，我国南方地区就是茶树主要种植区。而西北部大部分地区受自然条件限制，以游牧业为主，农业并不发达，少数民族的饮食主要以牛羊肉为主，缺少富含维生素的蔬菜类食物，而茶叶所富含的营养元素能缓解食用肉类产生的油腻、不消化等问题，正好满足了西北地区的少数民族对这类营养元素的需求，因此茶叶自被传播到这些地区后就广受欢迎，对茶叶有着巨大的需求。同时，中原地区由于气候较为温热，是以农耕为主的生活方式，并没有广阔的草原用于饲养马匹，因而缺乏马匹，用于役使和军队征战的优良马匹就更少了。古代兵种建设尤其是进行作战时，战马的数量及质量直接决定了军队的作战能力，所以中原王朝不得不想方设法获得战马。可见，中原地区对马的特殊需求和少数民族对茶叶的潜在需求形成了互补，促成了双方的平等交换，茶马互市应运而生。

唐代的茶马互市进一步完善。唐代的封演《封氏闻见录》中记载：

“往年回鹘入朝，大驱名马，市茶而归”就是例证。

唐朝北方饮茶风俗的兴盛，带动了西北边境饮茶风俗的兴起，当时的少数民族便以马易茶。唐太宗时期，文成公主入藏与松赞干布和亲之时也将茶带入藏区，饮茶风俗也在藏区流传开来。《唐国史补》记载了常鲁公出使吐蕃和吐蕃赞普有关茶的一段对话，说明当时西藏的饮茶之风，以及不同产地的茶叶都已进入藏区。藏区居民长期生活在高原环境下，养成了喝酥油茶的习惯，对茶叶有着强烈的需求。于是在藏区与川、滇地区之间开辟出了一条重要通道，这也就是我们后来所说的茶马古道。内地出产的茶叶、布匹、盐和日用器皿等与藏区和川滇边地出产的骡马、毛皮、药材等在横断山区的高山深谷间南来北往川流不息。在唐代，随着茶叶生产技术的提高和随之而来的茶叶贸易的兴盛，增加了唐朝的财政收入。唐朝统治者鉴于茶叶所带来的经济利益，在茶叶贸易和产业管理制度的规范上较为突出。唐德宗建中三年，开始征收茶税，实施榷茶制，垄断世界茶叶贸易。同时政府还设立了管理茶叶交易的专门机构，且制定了禁止私茶交易的相关法律以维护贸易的进行。

宋朝统治阶级如此重视“茶马互市”，主要是为了维护宋朝的边疆安全。宋代，由于中原王朝丧失了可供驯养军马的草原，导致马匹供应不足，于是对茶马互市贸易的管理更加重视。宋朝初年，内陆就有人用铜钱向边疆少数民族购买马匹，但这些地区的牧民将卖马的铜钱用来铸造兵器，这在某种程度上威胁到宋朝的边疆安全。宋朝的统治阶级为了防患于未然，在太平兴国八年（公元983年），正式禁止以铜钱买马，改用布帛、茶叶、药材等来进行物物交换。为保证茶马贸易可以长久地进行，在成都建立都大提举茶马司，茶马司的职责是：“掌榷茶之利，以佐邦用；凡市马于四夷，率以茶易之。”由此宋朝边境的贸易得以正常进行。宋朝是一个在夹缝中生存的朝代，茶马贸易因与国防政策的紧密关联而被提高到战略高度。通过茶马贸易，宋朝不仅换得战马，也在税收的基础上增加了财政收入。另外的重要一点是“羁縻远人”。正如我们前面所言，茶叶因为生长环境条件所限，只能从南方运往西北地区。而生活在边疆地区的藏民等对可以祛毒治病、解油腻、助消化的茶叶十分依赖。这让宋朝统治者看到了机会，通过控制茶叶的供给从而在一定程度上控制边疆，既可以用茶叶交换马匹来扩充军备，又能以茶笼络西北地区的少数民族，达到“羁縻远人”这一目的。所以，茶叶自宋以来不但成为中原王朝与西北和西南地区的藏族之间的大宗经贸产品，也成为与藏族之间保持友好关系的物质手段。从国家安全角度出发，“茶马互市”对维护宋朝西南地区的安全与稳定起到重要作用，是两宋王朝具有重要战略意义的治边政策。

元朝，是由蒙古族建立起来的庞大王朝，因为有着广阔的草原和马匹，所以没有沿袭宋朝的茶马互市贸易，曾一度实行榷茶制度。明朝，茶马政策有着明显的政治目的，实行严格的制度管理，利用茶马贸易加强对西藏等地区的统治。在明朝初期，为打击元朝残余势力，对战马的需求量较大，所以朝廷对茶马贸易十分重视，专门设置了茶马司管理茶马互市贸易，严禁走私茶叶，以垄断茶马贸易。朱元璋就十分重视茶马贸易，实行茶贵马贱这一政策，也正是在这种指导思想下，形成了有利于明王朝的互市格局，将茶马贸易牢牢抓在朝廷手中。但因为以茶易马的高额利益诱惑，许多商人不顾禁令走私茶叶，使得马日贵而茶日贱。为维护朝廷利益，保障茶马贸易的正常进行，洪武三十年（公元1397年），朱元璋下令严禁私茶。明朝中期，面对西北和西南少数民族对茶叶的需求，明朝在河州设置陕西都司和茶马司，以维持茶马贸易得以持续开展。在明朝，这一活动已经超出了一般贸易的范畴，茶成为明朝廷牵制、笼络藏区僧俗首领的主要物品。清初，延续了明代的“茶马互市”制度，仍然设置茶马司，实行榷茶引税并行，促使边茶贸易日益繁荣。到了清朝中期，随着清朝疆域的进一步扩大，获得马匹已不再是难事，因此茶马交易的重要性下降。清朝统治者因地制宜，在边疆地区采取了多种措施，在这期间茶被赋予的物品属性有了新的变化，一是演变成特殊供给物资，不再只是“茶马贸易”的物品；二是作为国家战略物资的属性有所加强，成为国家治理边疆最有效的武器。这一时期茶马贸易发展到新的阶段，茶被大量销往内蒙古、新疆、西藏等地。这些地区的百姓在饮茶的同时，也开始学习中原文化，双方往来更为频繁，交往更为深入。茶作为特殊物品，成为民族团结、文化交流最牢固的物质纽带，这在内地与西藏、内蒙古之间茶文化交往中有明显的体现。中原地区的贸易、文化等随着茶叶贸易潜移默化地在边疆地区渗透，最终少数民族在心理上完全认同了中央王朝，增强了其对中央王朝的向心力。也正是因为有了精神文化上的连接，茶彻底脱离了物质的一面，转化为具有特殊意义的精神符号。19世纪，英国殖民者曾妄图向西藏倾销印度茶和锡兰茶，意图利用印度茶叶向西藏进行茶叶入侵，妄图以此打破西藏与内地的联系，企图将西藏纳入殖民版图。其险恶用心最终失败的原因就是长期以来藏民习惯了饮用滇茶，拒绝饮用印度茶，而更重要的原因是当地的达赖喇嘛和藏民对于清朝的向心力较强，自发自觉地抵制印度茶，这都要归因于茶的精神。

在古代，中央王朝制订“茶马法”，实行茶马互市，利用少数民族日常生活必需的茶叶换取他们役使和军队所需要的马匹，以求达到“以茶治边”的目的，得以有效地管理边疆地区的少数民族，加强中央政府对边疆地区的统治。考察茶马互市的历史渊源和发展过程，中央王朝也确实达到了所努力的目标，同时也大大加强了中原与边疆地区的经济文化交流。

（二）茶马贸易中的茶

茶马互市中用于交易的茶叶是什么品种呢？从历史上看，向边疆和境外输出的茶叶，大部分是砖状黑茶或者藏茶、生普。砖茶是茶叶经过蒸压或者在加工过程中直接制成砖形，体积小，易于运输。砖茶制成后大小不一，使用时先用茶刀或茶锥从砖茶的边缘撬开，顺着茶叶的纹路慢慢将砖茶一层层地拨开，注意保持砖形的完整性。

运输到西北地区的茶叶，最出名的一种是黑茶。这是利用发酵的方式制成的一种茶叶，从明代中期开始生产，经过渥堆发酵等工艺加工而成，因为汤色浓重、价格低廉而受边疆地区少数民族的欢迎。安化黑茶属黑茶里最有代表性的茶类，西北茶商越境私运边销。安化是黑茶之乡，明朝万历年间，安化黑茶确定为运销西北的“官茶”，其茶味苦，非常适合搭配酥酪。此后，安化和邻近地区生产的黑茶逐渐被西北地区的少数民族所接受、喜爱。也正是从明朝开始，四川、湖南等地的黑茶经朝廷明文规定为运销西北以换马匹的官茶，不过黑茶在茶中品级并不是很高。

另外，需要提及的是茶马古道。此贸易通道起源于唐宋时期的“茶马互市”。在古代，限于地域环境和交通情况，茶马古道所经的西南地区多山，地势起伏大，所以运输主要靠马，川、滇的茶叶与西藏的马匹、药材交易都是依靠一匹匹马来完成。这也造就了一个活跃在贸易通道上的群体，即马帮。马帮是西南地区特有的一种运输方式。茶马古道，从路线上看，一条路线从云南的普洱茶原产地出发，经过大理、丽江、中甸、德钦等地，最终到达西藏的芒康、昌都、拉萨，然后辐射至西藏的泽当、江孜、亚东，最后出境至缅甸、印度。另一条路线从四川的雅安出发，经过泸定、康定、巴塘、昌都等地，最终到达拉萨，然后再到尼泊尔、印度。茶马古道，最远抵达西亚、西非红海岸。

二、茶马互市的作用及意义

茶叶因为有对特殊地理环境的需求，大都生长在南方，被运送到北方后，茶就成为了珍稀之品。自唐朝之后，随着北部、西部少数民族饮茶习惯的形成，中原政权对茶的控制亦加强，并将茶马贸易当作治理边疆、保证边关稳定、维持统治的一种重要策略。

自茶马贸易出现，中央王朝就从贸易中看到了茶叶对制约少数民族起到的重要作用，实行以茶易马政策，力图用茶叶来达到控制边疆地区、笼络少数民族的目的。唐代与西域之间逐渐形成了茶马互市的贸易制度。宋代茶马互市迅速发展，并在唐代茶法的基础上颁布了“茶引法”，将茶叶的贩卖权收归国有，要求茶叶的买卖需要朝廷的许可并且贩运茶叶到朝廷规定的地方销售，同时需要向官府缴纳相应的税费。在朝廷的掌控下，茶叶的贩卖者、销售的地区、对象和数量都由官府规定，否则就触犯了律令，要受到惩罚。茶马贸易中，茶也因为其是特殊的销售对象，因此有“边茶”之称。

茶马互市，一是为中央王朝提供优良战马。尤以宋朝为典型，为获取优良马匹，曾在原州（今甘肃镇原）、渭州（今甘肃平凉）、德顺军（今甘肃静宁）设“榷场”，以四川茶叶交换少数民族的马匹。宋神宗在四川开始“卖茶博马”。优良的马匹，增强了宋军的战斗力，满足了国家军备之需。二是以茶治边。宋代时，统治者试图用茶叶控制西北地区的少数民族，同时也被作为巩固边防、稳定少数民族地区的重要策略。以茶治边由此成为我国历代王朝的一贯主张。元朝仍有茶马贸易的痕迹。明朝时期其地位凸显，深刻贯彻“以茶制夷”的思想，“国家榷茶，本资易马”，设置了专门机构管理茶叶的生产销售。可以说，明朝实行“以茶驭番”的治藏政策。明朝朝廷上下深知西北、西南少数民族对于茶叶的需求，于是在河州设陕西都司和茶马司。明朝上下一致的意见认为，只要朝廷实现对茶叶贸易的垄断性经营，就可以控制住少数民族地区，加强边疆统治。明代的梁材就总结过明廷以茶治边的基本国策，指出少数民族对于中原茶叶“得之的生，不得则死，故严法以禁之，易马以酬之。禁之使彼有所畏，酬之使彼有所慕。所以制番人之死命，壮中国之藩篱，断匈奴之右臂者。其所系诚重且人，而非可以寻常处之也。故在当时茶法通行，而无阻滞之患。”[①] 明朝将茶作为统御少数民族最有效的手段，并在实践中将其作用发挥得淋漓尽致，如蒙古族就已饮茶成习，嗜茶如命，从这一点说就无法脱离明廷的掌控。明朝的杨一清（公元 1454—1530 年）也指出，茶马贸易“以是羁縻之贤于

① （明）梁材：《议茶马事宜疏》，《明经世文编》，中华书局，1962 年，第 955—960 页。

数万甲兵远矣，此制西番以控北掳之上策，前代略之，而我朝独得之者也”。[1] 一语道破明朝以茶制夷之意。嘉靖时期，明朝之所以不愿给蒙古的俺答汗开茶马互市，一个很重要的理由是一旦蒙古人掌握了茶叶，他们就会与藏族及其他游牧民族形成联系，那么“以茶制夷”的政策就会失控。清政府仍沿用“以茶制夷”的思想，并以满蒙联姻政策发展了以茶制夷之策。清代著名史学家赵翼曾分析乾隆时期“以茶制夷”的思想：

> 中国随地产茶，无足异也。而西北游牧诸部，则恃以为命。其所食膻酪甚肥腻，非此无以清荣卫也。自前明已设茶马御史，以茶易马，外番多款塞。我朝尤以是为抚驭之资，喀尔喀及蒙古、回部无不仰给焉。[2]

清代由于疆域辽阔，对各边疆地区采取了不同的统治政策，在此期间清朝将茶的国家战略物资属性增强，以其作为国家治理边疆最有效的武器。茶在内蒙古、新疆、西藏地区已经不仅仅是一种饮料，而是连接民族关系的纽带，成为了一种特殊的精神符号。清王朝通过茶叶增强了对西藏、内蒙古等地区的统治，获得了少数民族对中央王朝的认同，巩固了王朝的统治。

小小的茶叶，看似轻柔，但实际上却有着强大的力量。以茶作为媒介，边疆地区与中原地区的联系大大增强，加强了汉族与藏、维、蒙等少数民族间的交往交流交融，促进了它们之间的贸易、文化、感情交流。如文成公主入藏，也将饮茶习俗带入藏区，此后绵延千余年的茶马互市成为连接汉、藏民族之间的重要纽带，成为两个民族间沟通联系的桥梁，拉近了彼此间的情感距离。茶叶将边疆地区与中央王朝紧密连接在一起，也为边疆地区的繁荣稳定、和谐民族关系的构建作出了巨大贡献。从唐朝到明

① （明）杨一清：《杨一清集》，中华书局，2001年。

② 赵翼：《檐曝杂记》，《清代史料笔记丛刊》，中华书局，1982年，第20页。

清时期的茶马互市来看，中原与边疆地区因茶而形成了一个文化疆域。历朝统治者也看到了茶在其中所发挥的作用，将茶马贸易当作治理边疆的重要手段，甚至还力图用茶打通东西方的交流通道，扩大影响的疆域。尤其是明清时期，随着茶叶中心的迁移、交易的变化，在中国境内不仅形成了一个以茶为媒的疆域，还促成了中国与其他国家或地区的茶叶贸易的发展，形成一个具有世界性的茶叶贸易圈，也由此改变了西方世界对中国的看法。

茶叶贸易还促进了城镇发展。唐宋以来，茶马古道成为历史上内地和边疆地区进行茶马贸易的古代交通路线，沿线地区因建筑业、运输业、销售业等行业的繁荣发展出现了诸多城镇。如滇茶入藏，藏族商人自每年的九月到次年春季，从丽江领茶引，赴普洱贩卖茶叶。从丽江经景东至思茅，络绎不绝的马帮成群结队，每年贸易额达五百万斤之多。同时，汉族、白族、纳西族的商人也从普洱贩茶供应藏族地区，在这条道路上形成了诸多因茶叶集散、转运而发展起来的城镇，如丽江、昌都、沙溪古镇、鲁史古镇、独克宗古城、哈拉库图城、西昌等。丽江，处于滇藏茶马古道上的一个重要位置，是马帮进入藏区的中转地。随着贸易的频繁，丽江兴起了诸多肆，供商贾列肆货卖之用。此地由最初的集市渐渐发展为聚居区，然后发展为一个著名的城镇。林隽在其《西藏归程记》中记叙了茶道沿线地区因茶而兴盛的原因，其言“理塘、巴塘、道孚、炉霍诸集镇，由于茶叶集市与转运，亦很快崛起并兴盛起来。尤其察木多（今昌都）因地处川藏茶路和滇藏茶路交叉点上，且川藏南北两路人入拉萨汇经处，茶商遍布，亦很快成为口外一大都会也。”这些城镇的出现、发展、繁荣、衰落，都直接受到茶路的影响和推动，由此可见茶叶贸易对地区的影响。

茶马互市，兴于唐宋，盛于明清，清后期逐渐退出了历史舞台。这种贸易方式不只对中原和边疆地区的经济与社会生活有着重要影响，也从政治、军事等方面成为相互制约的主要手段，对中央政权与边疆地区的文化交流、经济发展和民族融合产生了深远影响，其历史贡献在今天也越来越为人们所肯定。同时，今天人们所说的茶马古道，源自古代的茶马互市，即从历史渊源上，万里茶道可追溯至中国古代的茶马互市。

第三章
华茶入俄——中俄茶叶贸易的开展

一、芳香四溢——中国茶向外传播的历史

无论是历史上还是今天，在中外贸易里，中国的茶叶、丝绸、瓷器最受欢迎。其中茶叶因其独特的魅力获得了世界各地人民的青睐。它不仅芳香宜人，提神醒脑，还蕴含了丰富的文化价值，既可以满足不同人群的需求，又可以让人享受到精致而健康的生活，因此成为各国人民日常不可或缺的消费品，从古至今备受喜爱。

中国是茶的故乡，早在 4000 多年前人类就发现了茶。随着茶叶的日渐普及，茶叶也开始作为交换商品向外传播。历史上，在中国与其他国家的交往过程中，中国的茶与饮茶习惯也被传播开来。西汉时期，随着丝绸之路的开通，使得中国的商品走出了国门，其中也包括了茶叶。唐朝，人民富足，国家强盛，成为当时世界瞩目的焦点，周边一些国家经常派使臣前来。在这个时候，茶叶也和其他物品一样输入他国，并成为中国对外输出的重要商品之一。随着茶叶的输出，周边国家的饮茶之风也随之兴

起，也开始在适宜的地方种植茶叶。唐文宗时期，新罗使节金大廉将中国的茶籽带回朝鲜半岛，种在了智异山下的华岩寺周围，由此，朝鲜半岛开始进行茶叶的生产。朝鲜半岛与中国交往颇早，随着宗教和文化交流的不断深入，饮茶之风在朝鲜半岛开始流行，年深日久，形成了一套影响深远的茶礼。日本，作为与中国一衣带水的邻国，也很早接触到了中国的茶叶。盛唐时期，很多日本僧人来华学习，他们在离开中国时不只带走了大量佛教典籍，还带走了在中国交流时日常饮用的茶叶。日本佛教天台宗的创始人最澄，他于公元 805 年将中国茶种带回日本，精心栽培，中国的饮茶文化在日本逐渐扩散。日本僧人空海在长安留学时，对中国的饮茶文化非常欣赏，回国时不仅带回了茶籽，还有制茶用的石臼等，回国后在日本传播了中国的制茶技术和饮茶方式。唐朝以后，茶叶在日本变得越来越受欢迎，被有规模地传播开来，制茶技术也日益提高。宋朝时，中国茶文化继续向外传播。当时日本的荣西禅师曾两次到中国留学，回国时带回了茶籽和种茶技术，播种于日本佐贺县，还撰写了《吃茶养生记》。这本书对日本的饮茶习俗产生了很大的影响，为日本的茶道奠定了基础。[①]

随着边境贸易、丝绸之路的开辟和发展，中国茶叶也逐渐向西亚和阿拉伯地区传播。早在唐代中后期（8 世纪）时，茶叶已传入吐蕃和回鹘。宋朝时，通过西北边境的茶马贸易，其对象为吐蕃、西夏、回鹘和于阗，当时中亚以及波斯、印度也可能经由于阗或西藏地区获得茶叶。元朝时，海上交通范围有更大的拓展，茶叶也因此进一步在中亚和西亚传播。公元 14—17 世纪，中国的茶叶经由陆路输往中亚、波斯、印度西北部和阿拉伯等地

① 王建荣：《中国茶简史及其对外传播》，《文物保护与考古科学》2019 年第 4 期。

区且得到不同程度的传播。

中国茶叶在 17 世纪末传入英国，到 18 世纪初，饮茶之风的盛行主要还源于中产阶级和贵族阶级的追捧，18 世纪 70 年代已经在英国各地普及。随着中国茶叶需求量的不断上升，输入量逐渐增加。英国东印度公司和荷兰东印度公司从事茶叶贸易，获利颇丰。茶叶传入俄国，始于 17 世纪初，主要通过陆路进行。茶经中国传入俄国虽然仅 300 年时间，就已经成为俄国人生活中的一部分，每个家庭都乐于以茶待客。他们喜欢喝热热的红茶，而且每天的早午餐都要喝茶，加上些许的糖，再来点果酱、奶油等，让茶和美食完美结合。这种饮茶方式，体现了他们对生活的热爱。茶礼、茶仪、茶会、茶俗不断出现在俄国的文学作品中，让人感受到俄国人对茶的热爱，充分体现出俄国茶文化的特殊性。陀思妥耶夫斯基曾描述：

在所有的事故或者不幸中，茶炊都是不可或缺的道具，尤其是在那些可怕的、突如其来的，甚至是怪诞的惨剧中。

欧洲、非洲和南亚地区的茶叶传播，是在明朝时期的郑和下西洋。郑和下西洋把茶和茶文化带往南亚诸国以及非洲东海岸和红海沿岸。得益于这条海上茶叶之路的开辟，中国的茶文化被更广泛地传播出去。中国的茶叶传入欧洲后，由荷兰人贩运到北美。如此，中国的茶叶自广州穿过马六甲海峡，通过印度洋、大西洋，运往欧洲各国。可以说 17 世纪后期至 19 世纪后期，随着中国茶叶的传播，中国茶与中国的瓷器及丝绸一样，已经成为中国在全世界的代名词。世界饮茶人数不断增加、饮茶风气日盛，茶文化成为全球诸多国家和地区文化不可或缺的一部分，尤其是在欧洲各国备受欢迎，在上层社会茶还是一种奢侈饮品，贵族、绅士都以饮茶为乐事。海上茶路兴盛后，英国对茶叶的需求量逐年增长，成为中国最大的茶叶市场。但 18 世纪万里茶道兴盛后，俄国就逐渐取代英国成为中国茶叶“最大的买家”。

二、清代中俄茶叶贸易历史

中俄两国相邻，彼此为最大邻国。地理位置上的相邻，决定了两国交往的历史和深度。在历史上，两国的边境贸易很早就开始了，只不过在很长时间内未形成较大的贸易规模。一直延续到清朝，双方的接触才开始增多，尤其是在陆续签订边界条约后，两国贸易往来也开始走向正常化。

中俄贸易历史悠久，在清代康熙朝以前，俄国主要和中国西北蒙古各部进行间接贸易，贸易地点分散、规模有限。中国和俄国两国土地相连接地带的居民与俄国人开展边境贸易，交易物品包括内地的各种商品、皮毛类。正常化的贸易关系开始于《尼布楚条约》签订之后。

17 世纪，沙俄逐渐步入强盛时期，开始对外扩张，富裕的中国就成为了侵略的目标。17 世纪中期，沙俄侵入我国的黑龙江流域，并且在雅克萨和尼布楚修建了要塞，不断向中国东北地区深入。沙俄入侵严重损害了中国领土和主权完整，为抵御沙俄侵略，维护国家安全，康熙帝平定“三藩之乱”后，留心东北形势，与臣子商讨攻取雅克萨这一战略要地，驱逐沙俄侵略者。在经过充分的战争准备和采取有效的措施后，清军自康熙二十四年（1685 年），对入侵的俄军进行了英勇反击，经过两次雅克萨之战，终于击败了俄国，迫使沙俄军队退出了中国东北，1689 年，清政府与俄国沙皇签订了《尼布楚条约》。

尼布楚条约作为中国清朝与沙皇俄国签订的第一份边界条约，除明确中俄两国的东段边界外还对两国间的贸易做了规定，条约第五条规定：

“两国今既永修和好，嗣后两国人民和持有准许往来路票者，应准其在两国境内往来贸易。”

即两国人带有往来护照（文票）的，允许其在边境进行贸易。此项规定，约定了开放中俄边境贸易，以物易物实行无税或低税交易，成为中俄两国正式建立商贸往来的一个官方文件。条约签订后，中俄两国的贸易也随之开始，沙俄按期正式向清朝派遣使节，率领商队到达北京，进行来华贸易活动，中方按约定进行接待。康熙三十二年（公元 1693 年），对来华贸易有了较之前更为具体的条件，主要为两点：一是准许俄国每隔三年可来京贸易一次，每次人数不得超过 200 人；二是清政府对来京的俄商驼队提供所需的供给。在官方的允准和庇护下，俄国官方商队从尼布楚出发，经额尔古纳堡，过嫩江，前往北京，这条路线成为俄国商队来华的主要商道。1720 年，清朝理藩院议准内地商人可以凭执照前往喀尔喀、库伦进行贸易，库伦随之成了中俄两国商人贸易的地点。开展中俄贸易后，中国商人就以丝绸、布匹、茶叶、瓷器、砂糖等与俄国商人交换野生皮张、皮革、毡方制品、衣料、玻璃制品等。由于贸易获利的刺激，有很多私商也加入了贸易行列。俄国为维护官方商队的利益，曾颁布禁令，如 1698 年彼得一世下达《关于对华贸易的一般规定》，1706 年彼得大帝禁止私商前往北京从事贸易。叶卡捷琳娜一世于 1726 年颁布谕旨，禁止俄国商民与中国人的毛皮贸易。但是在巨大的利益面前，还是出现大量走私活动，谕旨几乎成为一张废纸。在走私活动和价格差异下，俄国官方商队的皮毛一度受到不利影响，售卖困难，损失严重。

由于《尼布楚条约》中蒙古和西伯利亚的边界并未确定，所以沙俄在得到了喘息后，就利用这个“漏洞”，寻找机会准备掠夺中国更多的领土。清政府为遏制俄国的狼子野心，在多次交涉无果后，清雍正二年（公元 1724 年），朝廷停止中俄贸易。俄国为了保住这一财源不得不派出谈判代表。雍正四年冬，俄国使团抵达北京，双方进行了 6 个月谈判后，中俄两国签订了《布连斯奇条约》，在中方退让的情况下，俄国达成了划界的目的，扩大了土地面积。雍正六年，中俄又签订《恰克图条约》，共 11 款，条约的第 4 条具体规定如下：

今两国（中、俄）定界，不得容留逃人。既已新定和好之道，即照萨瓦所议，允准两国通商。既已通商，其人数仍按原定，不得过二百人。每隔三年，通商一次。既然伊等均系商人，则其食物盘费等项，照旧供给。商贾人员，均不征税，商人抵达边界，预先呈明来意，而后委派官员接入贸易。沿途应用之驮马人夫，自行雇备。……凡准贸易物品，均不禁止。两国违禁之物，不准贸易。……除两国通商外，两国边境地区之零星贸易，应于尼布楚、色楞格两处，选择妥地，建盖房屋，以准自愿前往贸易者贸易。其周围房屋、墙垣、木栅亦准酌量修建，已补征税。商人均照指定大道行走，如有绕道或往别处贸易者，将其货物入官。[①]

从中可见，关于中俄通商条约规定涉及时间、次数、人数、物品、征税等，同时还准许在尼布楚、色楞格地方择好地建盖房屋。两国还分别设有专职官员，监督管理互市贸易。[②]“中俄陆路贸易，向不抽税，惟于各该国境内关口则征卡税……中国于张家口设关，内地商人往来恰克图、库伦贸易者征税于此”。按条约所定，通商仍照旧例，每隔三年方可派遣商队前往北京，人数不得超过 200 人，中国不收税。

雍正八年，清政府批准在恰克图的中方边境建立“买卖城”，

① 《清代中俄关系档案史料选编》，第 1 编下册，第 518 页。

② 《内蒙古自治区志·商业志》，内蒙古人民出版社，1998 年，第 259 页。

在双方贸易活动的开展下，恰克图和买卖城成为了因贸易而兴起、发展的城镇。恰克图位于色楞格河东岸，最初这里为茫茫荒地，康熙初年间成聚落。《恰克图条约》签订后，双方在恰克图开辟贸易点。1728 年 6 月，俄国开建恰克图新商埠，搭起 6 个帐篷和 1 个内有 12 个粮仓的大院，盖起 32 座供商人居住的小木房。中国在俄国市圈之南约 400 米处建立了一座木城，并修筑房屋。为维持市场交易秩序，双方都在本国所管辖的市圈内派 30 名军人负责维持贸易秩序。恰克图这个北方小镇由此开始发展起来。到了 18 世纪 70 年代，买卖城里店铺林立，华商发展到 60 余家，常住人口达 400 余人，而俄方在恰克图的常住人口达 900 余人，组建了 6 个贸易公司。[1] 随着中俄贸易的发展，从 18 世纪末到 19 世纪后半叶，恰克图成为中俄茶叶贸易的中心，有的西方历史文献甚至称其为“沙漠威尼斯”。

《恰克图条约》确定了恰克图—库伦—张家口—北京的贸易路线，恰克图也成为中俄贸易往来的重要据点，但是从俄国的角度来讲，只有到北京的才是官方贸易，恰克图是两国的贸易口岸。再者，清政府对恰克图贸易的管理十分严格，部票制度就是最重要的内容之一。俄国为保护官方商队来北京进行贸易的利益，多次训令禁止私商进行皮毛贸易，既不允许他们前往北京贸易，也不允许在恰克图交易皮毛，由此阻碍了俄商在恰克图的贸易。但在利益的驱使下，私商活动逐渐频繁起来。18 世纪中期，沙俄采取的官方垄断贸易大势已去，叶卡捷琳娜二世于 1762 年废止了官方商队的北京贸易，取消了所有垄断性的谕旨和规定，俄国官方商队对华贸易活动结束了。[2] 此后，恰克图就成了沙俄

① 《中俄茶叶贸易史》，第 38 页。

② ［俄］科尔萨克，米镇波译：《俄中商贸关系史述》，社会科学文献出版社，2010 年，第 25 页。

与中国进行贸易活动的稳定口岸。乾隆初期，中俄按相约规定进行贸易，但俄国的侵略野心并未就此消停，双方摩擦不断，清政府为维护权益，曾三次关闭恰克图口岸。不过此时，中俄边境贸易主要是两国边民进行以物易物的互市贸易，以此达到互通有无的目的，而随着贸易的发展，逐渐发展成为内地小商贩到两国边境进行的物物交易。[①]

嘉庆时期，中俄贸易有了较大的发展。当时，清政府放宽了票证制度，对商人贸易相较于乾隆时期有所宽松，允许无票的小商人可随有票证的商人一同到恰克图经商，这就是所谓的“朋户”和“朋票”制度。这项制度，满足了众多无票商人的经商需求，促进了贸易便利化，也进一步刺激了恰克图贸易的发展，中俄贸易额度一度达到100余万卢布[②]。道咸时期，中俄贸易有了新的进展，尤其在道光年间，中俄贸易进入空前繁荣的阶段。嘉道以后，清朝国势日渐衰落，西方列强对中国的侵略逐步加深。1840年鸦片战争爆发后，沙俄也加紧对中国的侵略扩张活动。1858年，中俄签订了《瑷珲条约》，1860年沙俄又迫使清政府签订了《北京条约》。条约中关于边境贸易规定又出现了新变化，规定“此约第一条所定交界各处，准许两国所属之人随便交易，并不纳税。各处边界官员护助商人，按理贸易。”“俄罗斯国商人，不拘年限，往中国通商之区，一处往来人数通共不得过二百人，但须本国边界官员给予路引，内写明商人头目名字、带领人多少、前往某处贸易、并买卖所需及食物、牲口等项。所有路费、由该商人自备。”“俄罗斯国商人及中国商人至通商之处，准其随便买卖，该处官员不必拦阻。两国商人亦准其随意往市肆铺

---

① 杨清震：《中国边贸研究》，广西民族出版社，1997年，第165页。

② ［俄］科尔萨克，米镇波译：《俄中商贸关系史述》，社会科学文献出版社，2010年，第69页。

商零发买卖，互换货物。或交现钱，或因相信赊账俱可。居住两国通商日期，亦随该商人之便，不必定限。”这两个条约对双方贸易活动的规定，促使两国的边境贸易有了新的、更进一步的发展。为了规范中俄边境贸易管理，清政府在边境地区派专职人员从事贸易管理工作，并在个别地方设置了海关和道尹公署。俄方也设有海关，并有专职人员管理边境贸易。中俄双方在较大城镇还互设有领事馆。[①] 从条约和当时的形势可以看出，通过这些不平等条约俄国获得了诸多权益，如可以在中国边界地区进行自由贸易；俄国商人来中国的贸易有两条路线，同意俄商在商路上设立行栈、建筑房屋，甚至可以收购原料运回俄国……这些特权极大地损害了中国的权益，为侵华铺平了道路。

三、华茶入俄：中俄茶叶贸易

（一）俄国的饮茶史

茶叶未传入俄国前，俄国人以热蜜水为饮料。它是热水加蜂蜜、香料制成的。可以说在茶叶没有在俄国传播之前，热蜜水是俄国人最喜爱的日常饮料。17 世纪，随着中国茶叶的传播，俄国人才开始慢慢接受茶这种异国的饮料。而他们最早接触茶叶的时间可能是在 17 世纪初，沙俄宫廷第一次品尝茶是在 1618 年。华茶入俄后，逐渐被俄国皇室所接受，到 19 世纪后，茶取代传统饮料热蜜水成为俄国内最受欢迎的饮料。

中国茶叶最初是如何传入俄国的呢？这应该离不开蒙古人的功劳。有一个流传下来的很有意思的故事。在 17 世纪以前，圣

① 聂蒲生：《论黑龙江省与俄罗斯边境贸易的历史渊源》，《北方经贸》2001 年第 08 期。

彼得堡对中国茶叶并没有太多的认识。即使在俄国人波赫列布金撰写的《茶》中提到茶，当时俄国人也并不知道来自中国的这些树叶就是可以饮用的神奇物品。1616 年，哥萨克人抵达蒙古后，热情的蒙古王爷将茶叶赠予他们。但这些茶叶他们不曾见过，也不知道怎样使用，所以就拒绝了。中国茶叶最初进入俄国，是在 1618 年（还有一种说法是在 1638—1640 年）。俄国使者瓦西里·斯塔里科夫奉命出使蒙古土默特部，阿勒坦汗以茶招待瓦西里一行，并拿出一些茶叶（4 普特，约 64 公斤）和锦缎、毛皮作为礼物一起赠送给沙皇哈伊尔·罗曼诺夫，这就是中国茶叶输入俄国的开端。当时沙皇使者对茶叶一无所知，不愿接受，后经劝说才勉强接受。随后他将茶叶带回了圣彼得堡，沙皇命仆人沏茶请近臣们品尝。意外的是，品尝后众人一致认为入口有奇香。从此，俄国人开始了其漫长的饮茶史，茶叶也开始从贵族中间传播扩散到富裕人士中，饮用范围不断扩大。

关于茶叶进入俄国，被俄国上层阶级所接受，还有一个说法。据说，1665 年，俄国使节别里菲里耶夫将茶叶带回俄国，作为来自东方的礼物敬献给沙皇。当时沙皇正好肠胃不适，在了解到中国茶叶的功效后，医生就尝试用茶。当茶泡好后，医生先尝了一下确定无毒后，便小心翼翼地递给沙皇。神奇的是，沙皇饮用茶叶后，肠胃不适的病症逐渐消失了，由此对茶叶赞誉不绝。当时沙皇可能是胃里积食不消化，而茶正好有消食化积的作用。在得到沙皇的赞赏后，茶叶“一炮而红”，被上层社会所接受和推崇，并随之开始向整个俄国社会普及。与此同时，俄国人也逐渐知道了茶叶有助消化和降低脂肪的重要功效。俄国地域辽阔，寒冷时间较长，以肉奶等食物为主，而茶叶正好可以用来解腻消食，尤其是西伯利亚地区以肉奶为食的游牧民族对茶叶的需求非常强烈，甚至到了“宁可一日不食，不可一日无茶”的地步。瓦西里·帕尔申在《外贝加尔边区纪行》形象地描述了17、18世纪茶叶对俄罗斯远东地区居民的重要性。他指出："涅尔琴斯克的所有居民，不论贫富，年长或年幼，都嗜饮砖茶。茶是不可或缺的主要饮料，早晨就面包喝茶，当作早餐。不喝茶就不上工。午饭后必须有茶。每天喝茶可达五次之多，爱好喝茶的人能喝十至十五杯，不论你走到哪家去，必定用茶款待你。"[①]18世纪，俄国人已经习惯喝中国茶，茶叶成为他们的生活必需品，促使中俄贸易中茶叶贸易成为必不可少的一项。[②]

无论茶叶是以怎样的方式进入俄国人的视野，在茶叶正式进入俄国后，俄国人开始了漫长的饮茶史。

（二）中俄茶叶贸易

俄国人习惯于喝中国茶后，茶叶成为中俄贸易的重要物品。"彼以皮来，我以茶往"，就充分说明了中国茶叶输入俄国的盛况。

在《尼布楚条约》签订之前，俄国使团和官私商队到北京进行贸易，茶叶是主要的贸易物品之一。到北京贸易的俄国外交使团，如1656年的巴伊科夫使团、1670年的伊·米洛瓦诺夫使团、1676年的尼果赖使团，将中国的大黄、丝绸、茶叶运回俄国，其中茶叶的比重虽然不大，但也说明茶叶是俄国采购的重要商品之一。与外交使团一起到北京的还有俄国官方商队，主要是将带来的俄国商品在北京卖出，然后再采购银器、丝绸和茶叶等运回俄国，赚取利润。除了这些，还有俄国私人商队，他们来中国的贸易次数较多，贸易物品种类繁杂，其中茶叶也是进行贸易的商品

① 中国商业史学会明清商业史专业委员会：《明清商业史研究》，第1辑，中国财政经济出版社，1998年，第125页。

② ［俄］尼古拉·班特什·卡缅斯基，中国人民大学俄语教研室译：《俄中两国外交文献汇编》（1619—1792），商务印书馆，1982年，第420页。

之一，获取的利润可观。只不过这一时期茶叶在中俄官方和私人贸易中并不占据主导地位，相对来说数量有限。

签订《尼布楚条约》后，中俄开展直接贸易，1727 年和 1728 年，签订了《布连斯奇条约》和《恰克图条约》后，双方的贸易活动开始稳定，为茶叶贸易打下了基础，此后，茶叶贸易的规模逐渐扩大，地位也随之高涨。但当时俄国官方商队因政府对进出口贸易物品有规定，从中国采购的多数是皇室所需要的奢侈品，对茶叶的采购量并不大。官方的中俄贸易以皮布贸易为主，少量茶叶贸易主要集中在中国西北部、北部与俄境内游牧民族的边境贸易中。例如 1727 年，俄国官方商队从中国采购的茶叶有 3 万磅，只占当时采购货物总价的 9.2%。[①] 由此可见，俄国官方商队的贸易不能适应两国的经济发展，更没有考虑到俄国百姓对茶叶的需求，因而刺激了茶叶的走私贸易。康熙末年就已出现商人铤而走险进行越境交易[②]。即使在《恰克图条约》签订后，茶叶仍然在很长一段时间内也没有成为中俄贸易中的主要商品，恰克图对茶叶贸易实行严格控制，高额的关税更刺激了走私贸易。在西伯利亚和黑海沿岸，中国的砖茶、叶茶都非常受欢迎，市场广阔。私人商队在《尼布楚条约》签订后，从中国进口的商品种类繁多，茶叶作为商品之一，采购量也开始不断增加，如 1692 年，返回尼布楚的商队就带回中国茶叶 300 箱；1694 年和 1697 年的两支商队，分别带回中国红茶、绿茶有 21 普特 14 俄磅和 25 普特 5 箱。[③] 在这个时期，中国茶叶对俄出口量在缓慢增加。

18 世纪后，中俄贸易物品的主体开始有所转变，随着茶叶在俄国的不断普及，茶叶量占全部输入俄国货物的比例不断增加，

① 郭蕴深：《中俄茶叶贸易史》，黑龙江教育出版社，第 35 页。

② 姚贤镐：《中国近代对外贸易史资料（1840—1895）》第 1 册，中华书局，1962 年，第 103—104 页。

③ 郭蕴深：《中俄茶叶贸易史》，黑龙江教育出版社，第 19 页。

占商品总量的四分之一，成为中国仅次于棉布的第二大出口俄国的商品。输入到俄国的中国茶以砖茶为主。茶叶从中国南方的茶园运到俄国，路远时长，大概需要16~18个月的时间。如此漫长的旅途，如何保存茶叶呢？聪明的中国人想到了一种办法，那就是通过特殊工艺将茶叶加工制作成砖茶。晒干的碎茶叶经过蒸压，形成体积更小且不易受潮的茶砖。饮用时，需要用茶刀将茶砖切开冲泡。[①] 二三百头骆驼组成的商队满载着用来交换茶叶的毛皮，艰难跋涉于商道上。熬过漫长的时间后，他们来到了张家口，用俄国的皮毛等交换了中国的茶叶。返回莫斯科时，由于每头骆驼装载4箱茶叶（大约270千克），因而行程非常缓慢。

丝绸之路走过了辉煌期后，在17至18世纪开始逐渐衰落，尤其是随着中俄贸易渠道的开辟，逐渐让位于新开辟的茶道。1727年中俄《恰克图条约》签订后，两国茶叶贸易有了新发展，贸易额也在增加。1857年，马克思在《俄国对华贸易》中说“在恰克图，中国方面提供的主要商品是茶叶，俄国方面提供的是棉织品和皮毛。以前，在恰克图卖给俄国人的茶叶，平均每年不超过100万箱，但在1852年却达到了175万箱，买卖货物的总价值达到1500万美元之巨。”[②] 在茶叶贸易的刺激下，使得恰克图由一个普通集市发展成为一个相当大的城市，并被誉为“沙漠中的威尼斯”。(《俄国对华贸易》）道光时期（公元1821—1850年)，随着中俄贸易的逐渐扩大，中国茶叶输入俄国的数量也在增加，如1811—1820年俄国购置的白毫茶和砖茶有96145普特，而到1821—1830年已然增长到143195普特，同时伴随着茶叶输入量的增加，已然改变了最初的贸易货物比例，茶叶的价值已占

① 蒋太旭：《“中俄万里茶道”的前世今生》，《武汉文史资料》2015年第1期。

② 刘再起：《从近代中俄茶叶之路说起》，《俄罗斯中亚东欧研究》2007年第5期。

全部商品价值的90%，其余的商品仅占10%[1]。咸丰元年，太平天国起义爆发，部分茶商陆续转而到湖北羊楼洞、湖南安化采茶，由此，北运恰克图的路程缩短了300余公里，对茶叶贸易的发展又起了很大的助力。同治年间，俄国通过与清政府签订的《中俄陆路通商章程》同治元年（公元1862年）、《改订陆路通商章程》同治八年（公元1869年），畅通了采购中国茶叶的通商道路，而且也迫使清廷做出了很大的让步，如清政府对俄商免征复进口税，俄商直接进入内地购茶。获取这些权益后，直接促使中国输俄的茶叶数量开始激增，同治六年猛增至8659501磅，比道光年间年输入量增加了近60万俄磅。随着俄国对茶叶需求量的日益增加，极大地促进了茶叶贸易的发展，商人开始买卖茶叶，万里茶道也随之发展起来。

中俄茶叶贸易的发展兴衰与当时的政治因素联系紧密。乾隆时期，由于俄国对中国领土的觊觎和占领由来已久而又延绵不绝，以及在边境贸易方面的矛盾与摩擦，双方的贸易活动一度中止。清政府为制止沙俄的侵略行径，采用关闭贸易的方式予以警示和回击，乾隆曾三次下令关闭恰克图市场，分别为1762—1768年、1778—1780年、1785—1792年，加起来长达15年之久。采用闭关即中断与俄国的贸易来反击沙俄的侵略，实际上清政府也是无奈而为之。面对沙俄的滋扰和贸易摩擦，清政府在避免开战的前提下所能采取的措施是停止对俄贸易，以此作为谈判砝码给沙俄形成压力，迫使沙俄退步，换取边境地区的安宁。作为天朝大国、物产丰富的清王朝，可以自产自足，但俄国不同，他们需要中国的茶叶，且茶叶贸易主导权掌控在清朝一方，与俄国进行边境贸易是一种恩赐。这种思维对后来诸多能臣治吏，以茶制夷

① 郭蕴深：《中俄茶叶贸易史》，黑龙江教育出版社，第97页。

思想的产生起了很大的促进作用，即使是被誉为“开眼看世界第一人”的林则徐，前期也是秉持着这种思想。对于沙俄来说，与中国的贸易，双方各取所需，其中也包括了茶叶。为了从茶叶贸易中获取想要的利益，他们对中国采取“顺从”的姿态，但这也是暂时的，一旦有机会打破原有的规则，沙俄当然不会放过。

第四章
浩荡茶道——万里茶道的发展和兴盛

万里茶道形成、发展、繁荣近300年，其兴盛得之于茶却远高于茶，深刻体现了中国古代蓬勃发展的对外贸易和深厚的文化底蕴。在商业和文化的双重视域下，从17世纪开始，茶叶已超越丝绸和瓷器，成为清王朝最大宗的出口商品，中国茶文化成为世界文明的核心文化。俄国作为欧亚大陆的桥梁，不仅是茶叶消费大国，更是将中国茶叶转销欧洲市场视为国家重要的经济来源。由晋商开拓并主导、沿线商民共同参与运转俄国的中俄万里茶道，从17世纪至20世纪初持续兴盛，成为继丝绸之路后，沟通欧亚大陆的又一条国际商路。

一、万里茶道是中国古代茶路的延伸

茶与可可、咖啡并称世界三大无酒精饮料，在全球范围内150多个国家中，大约有30亿的人都在饮茶。茶叶起源于中国，并很早就开始外传，尤其是自17世纪以来，中国茶叶大量进入世界贸易市场，满足了世界各国的饮茶需求。可以说茶是中国对人类文明的重大贡献之一。[1] 从历史上看，万里茶道的兴旺绝非偶然，事实上从古代起中国就有向外运输茶叶的历史，正是其所积累的茶文化与贸易，是万里茶道形成的基础。

（一）中国茶的贸易历史

中国是茶叶的故乡，公元前就有了茶叶贸易。首次记载集市买茶的文献是西汉神爵三年（公元前59年）王褒所写的《僮约》一文中谈及“武阳买茶”。公元6世纪下半叶，中国佛教“天台宗”便传到了朝鲜（新罗王朝时期）。据《三国史记·新罗本纪》记载，“入唐回使大廉持茶种子来，王使植地理山。茶自善德王时有之，至于此盛焉。”[2] 新罗使节金大廉在唐文宗时期将中国的茶籽带回朝鲜半岛，种于智异山下的华岩寺周围，朝鲜半岛的种茶始于此。随着宗教和文化交流的不断深入，朝鲜半岛逐渐形成了“茶礼”，并一直影响至今。

唐代，大量的日本僧人来华访问，茶叶也随着大量佛教典籍从中国传入日本。开创了日本天台宗的最澄于公元805年首次将茶种带回日本并进行了栽培，是最早把唐代的茶文化带入日本的人。唐时，还有一位日本僧人名叫空海，在当时的长安留学，回日本时不仅带回了茶籽，还带回了制茶所用的石臼和中国的制茶技术，使它们在日本得到了广泛的传播。宋代时，日本的荣西禅师两次来到中国留学，1191年归国时再次带回茶籽，并播种于日本佐贺县。他还总结了中国的茶文化，写成《吃茶养生记》一书。这本书对日本的饮茶习俗产生了很大的影响，为日本的茶道奠定了基础。宋时位列江南“五山十刹”之首的径山寺的“径山

---

① 王建荣：《中国茶简史及其对外传播》，《文物保护与考古科学》，2019年第4期，第140页。

② 金富轼：《三国史记》，吉林文史出版社，2003年，第35页。

茶宴”，也传到了日本，对日本茶道的形成和发展起了很大的作用。[1]

中国茶叶向西亚和阿拉伯地区的传播则是随着边境贸易的发展，通过“茶马”交易和丝绸之路进行的。约在8世纪，茶已传入吐蕃和回鹘。在阿拉伯—伊斯兰文献中最早提到中国有茶的是佚名作者的《中国印度见闻录》（851年）：“在各个城市里，这种甘草叶售价很高，中国人称这种叶草叫‘茶’。”[2] 蒙古兴起后，随着中西陆海交通大开，茶进一步在中亚和西亚得到传播，但这大约是从13世纪末才开始的。从14世纪起迄至17世纪前期，经由陆路，中国茶在中亚、波斯、印度西北部和阿拉伯地区得到不同程度的传播。[3]

1559年，威尼斯人拉木学最早载录了从一个阿拉伯人哈只·马合木闻知的作为药用的中国茶，1567年时，哥萨克人伊凡·彼得洛夫和布尔纳希·雅里谢夫也将中国饮茶的消息带到俄国。1606年—1607年，荷兰人在澳门买了一些茶带到了巴达维亚（雅加达），约在1610年把茶带回了故土。而在俄国，则是一位中国使臣在1618年拿茶作为礼物在莫斯科送给沙皇的。1640年，荷兰医生杜乐毕斯提到茶的医药性能。1648年，莫里·雅昂发表第一篇以茶为题的医学学位论文。可能在同一年（或在此前的1636年），茶出现在巴黎，约在1650年，茶又进入英国和美洲。[4]

---

① 王建荣：《中国茶简史及其对外传播》，《文物保护与考古科学》，2019年第4期，第143页。

② 勉卫忠：《茶的西传及对伊斯兰文化的影响》，《中国茶叶》，2011年第5期，第42页。

③ 黄时鉴：《关于茶在北亚和西域的早期传播——兼说马可波罗未有记茶》，《历史研究》，1993年第1期，第141—145页。

④ 王建荣：《中国茶简史及其对外传播》，《文物保护与考古科学》，2019年第4期，第143页。

到18世纪初，饮茶才在英国重要的城市流行成习，到18世纪70年代时才遍及各地城乡。随着对茶的需求增长，经营茶成为一桩好买卖。1669年，英国东印度公司首次将茶输入本国，同一年英国法律禁止茶从荷兰进口，1689年，英国人首次将中国茶从厦门运到英国。在1722—1731年间，占有南荷兰的奥地利国王支持安特卫普商人组成奥斯顿东印度公司，一度控制了欧洲市场上茶一半以上的供应。不过俄国市场上的茶都是中俄商人经由陆道分程贩运的。中国茶垄断世界市场直到19世纪80年代，印度次大陆与日本的茶在此以后才开始参与竞争。

（二）万里茶道与中国茶路

从历史上看，中国的茶叶、茶树、制茶技术和茶文化向外传播的途径，主要有三路：一路为海路，据史料记载，汉武帝时汉使已率领官方船队，携带黄金、缯帛和土特产，包括茶叶，由广东出海至印度支那半岛和印度南部等地；另一路为茶马古道，是滇、川藏之间的古代贸易通道；还有一路是万里茶道，这也是交易量最大的茶叶国际贸易通道。除了万里茶道外，其余两条茶路的历史与主要线路大致为：

海路运输。茶叶的海路，最早是通向一衣带水的日本，这与中华文化辐射至日本有着天然的关系。从历史上看，茶叶输出最主要的海路，是从中国南海沿印度支那半岛，穿过马六甲海峡，通过印度洋、波斯湾、地中海，最终输往欧洲各国。这条“茶叶之路”的主航道，至少在公元七至九世纪的唐帝国时就以宏大的气魄开辟了。当时，唐王朝异彩焕发，而亚欧大陆则在低谷徘徊。诚如英国学者威尔斯描述的：“在整个第七、八、九世纪中，中国是世界上最安定最文明的国家。”正是有这样的观感，才使得当时中国古代的文化及物产得到世界其他地区的认同和喜爱。

当时，扬州、明州（今宁波）、广州、泉州等港口专设的管理海上贸易的市舶司，准许外商自由买卖，茶叶也在繁荣的对外贸易之列，像流水似的从海路渗透到海外。宋元期间，我国对外贸易港口增加到八九处，陶瓷和茶叶成为主要出口商品，广州、泉州通南洋诸国，明州有日本、高丽船舶往来。在中国十几年并担任元朝官员的意大利人马可·波罗，在回国后所写的《马可·波罗游记》中记载了从中国带回的瓷器和茶。

明代以来，海上航运业和海上丝绸之路都取得了一定的发展，海上丝绸之路指的是 1840 年鸦片战争爆发之前中国通向世界其他地区的海上通道，它由两大干线组成：一是东海航线，由中国通往朝鲜半岛及日本列岛；二是南海航线，由中国通往东南亚、印度洋地区以及更远的欧洲和美洲。中国茶文化对欧美的普遍影响始于明代航海家郑和的七次下西洋。郑和下西洋把茶和茶文化带往南亚诸国以及非洲东海岸和红海沿岸，形成了一条海上的“茶叶之路”。

输送至欧洲的茶叶，最初是由荷兰人在 17 世纪初从中国和日本进口，再转运至欧洲的。[①] 1610 年中国厦门商人贩运中国茶至印尼爪哇卖给荷兰人，再由荷兰人贩运至欧洲；1630 年英国商人来华买茶，1635 年法国商人也来华买茶。这个时期中国茶的传播主要通过广州经澳门运销欧洲各国。1637 年，英国商人驾帆船四艘，首次抵达广州珠江口，英属东印度公司第一次贩运华茶 112 磅回国，这被视作英国直接从中国进口茶叶的开始。1684 年，清政府开放海禁，在广东、福建、浙江、江苏开放港口对外贸易，从而促进茶叶的对外出口。1757 年由于难以控制出口税，清政府只保留了广州一个对外口岸，这就是俗称的“广州十三

① 王建荣：《中国茶简史及其对外传播》，《文物保护与考古科学》，2019 年第 4 期，第 145 页。

行”，十三官商洋行垄断了茶叶的对外贸易。1842 年清政府被迫签订《南京条约》，开放广州、厦门、福州、宁波、上海五个港口城市为通商口岸，称为五口通商。茶叶出口急剧上升至 13.4 万吨，创历史新高。

为了加快从中国至英国的运茶速度，英国人在 1866 年曾组织过一次靠风帆的快剪船运茶大赛。满载茶叶 497 吨至 852 吨不等的快剪船有“羚羊号”“太平号”“太清号”“火十字号”等十几艘，从福州马尾港起航出发，到达伦敦船坞为止，比赛运输速度。结果“羚羊号”船装茶 558 吨，99 天到达伦敦夺得冠军。1784 年，一艘名为“中国皇后”号的美国商船抵达广州，随后这艘船满载着茶叶等货物返回了美国。

茶叶是海上丝绸之路运输的主要商品之一。17 世纪以来，中国逐渐成为全球茶叶的最大输出国，与茶叶一同输出的还有丰富的茶文化。茶文化的传播促进了中外文化的交流，增进了中外人民的友谊，丰富了中国文化的内涵，并对整个人类文明进程产生了深远的影响。海上丝绸之路留下了丰富的历史文化遗产，包括了港口、船坞、商行等多种形式。十三行遗址位于广州市十三行路、同文路、怡和大街、宝顺大街、普源街、西濠二马路一带，目前建有广州文化公园。十三行是清代海外贸易的商人团体，由多家商行、洋行组成。十三行最多时达几十家。广州西关的同文路、怡和大街、宝顺大街、普源街这些由洋行名改成的街名，可以寻觅到十三行辉煌的历史痕迹。

茶马古道。正如上文所说，茶马古道起源于唐宋时期的“茶马互市”，既是万里茶道的前身，也是一条在茶叶运输中长期发挥作用的商路。藏民的饮食中常含有高热量高油脂，而茶叶不仅有助于分解人体内多余的脂肪，还可以降低藏民喜食的糌粑带来的燥热。因此，尽管藏区并不属于产茶区，但当地民众仍然养成了喝酥油茶的习惯，形成了藏区对内地茶的需求，而内地又很需要藏、川、滇所产的良马。各取所需的互补贸易——茶马互市应运而生。“茶马古道”萌生于隋唐之末，形成于北宋中期，延续至清代初期，蜕变于清代早期。以后随着川藏公路的建设，延续了1000多年的茶马古道就彻底废弃了。①

茶马古道在我国境内形成了三大主干道，即青藏道、滇藏道与川藏道。川藏道是从成都出发，向西经雅安、康定（古称打箭炉）、昌都（古称察木多）至拉萨。再由拉萨向西，经日喀则、亚东等地通到境外的不丹、尼泊尔。全长近8 000余里。青藏道分成两段，西安至西宁段是从西安出发，经过咸阳、兴平、武功、凤翔、千阳、天水、陇西、临洮，分两路汇合在民和，最后抵达西宁；西宁至拉萨段是从西宁过湟源、共和、玛多，翻越巴颜喀拉山口，进入玉树地区，再经过杂多，翻越唐古拉山口，过安多、那曲，从当雄进入拉萨。滇藏道是从大理出发，行至石鼓，在此分为两线，之后在德钦汇合，过盐井，到芒康，再分为几条路线，最终进入拉萨。②

与万里茶道相比，茶马古道在其运输方向、地缘功能、输送茶品等方面均不尽相同，主要表现在以下几点：一是茶马古道呈西南走向，主要分布在四川省、云南省、贵州省三省境内，地跨川、滇、青、藏四区，外延达南亚、西亚、中亚和东南亚各国，其走势由中国西南地区向南和西两个方向延伸，总体是在西南地区进行贸易。二是茶马古道具有更多的政治属性，宋朝，内地茶业经济得到繁荣发展，而西部地区需求较大，西部盛产良驹恰好适应国家需求，中央政府在促进经济和军事发展的基础上，为维

① 孙华：《“茶马古道”文化线路的几个问题》，《四川文物》，2012年第1期，第79页。

② 单霁翔：《保护千年古道传承中华文明》，《四川文物》，2012年第1期，第67页。

护西南地区安全以稳固国家政权，对茶马贸易的重视度愈甚，正式建立起了茶马互市制度。茶马贸易成为中央政府对西南地区进行政治控制的重要手段。随着历史的发展，元朝时期，中央政府改变了对茶马古道的运营、管理方式，开始设立马政制度、拓展茶马古道，并在沿线设立驿站，从此“茶马古道”不仅是经贸之道、文化之道，又是国之道、安藏之道。三是茶马古道上主要是以普洱茶为主，当时运往西藏的主要是云南特产大叶普洱茶，入藏的茶叶中，就以普洱茶打出的酥油茶香醇色好，最受藏族人喜欢。后来研究证明普洱茶“越陈越香”，那时的马帮带着茶叶在茶马古道上行走数月，普洱茶得以发酵为陈茶，也是藏族人偏爱普洱茶的一个原因。普洱茶经过西藏地区继续西进，经过尼泊尔、印度，远销到中亚欧洲。至此，普洱茶的脚步开始迈向国际，影响也愈发深远，逐渐成为了“东方国度”的特色标志之一。

（三）万里茶道与北方草原丝绸之路

明清以前，北方草原上一直存在着沟通中国与欧亚内陆诸国及地区的草原丝绸之路，其存在历史悠久且影响深远。[①] 古希腊历史学家希罗多德在《历史》一书中较早关注到这条贸易线路[②]。据学者考证，希罗多德笔下这条连通欧亚的草原大通道，西起多瑙河，东到巴尔喀什湖，中间经过第聂伯河、顿河、伏尔加河、乌拉尔河或乌拉尔山，再往东与蒙古草原相通[③]。

---

① 倪玉平，崔思朋：《万里茶道：清代中俄茶叶贸易与北方草原丝绸之路研究》，《北京师范大学学报（社会科学版）》，2021年第4期，第133—134页。

② 丘进：《中国与罗马——汉代中西关系研究》，广东人民出版社，1990年，第114—115页。

③ 黄时鉴：《希罗多德笔下欧亚草原居民与草原之路的开辟》，《黄时鉴文集》，中西书局，2011年。黄时鉴：《东西交流史论稿》，上海古籍出版社，1998年，第10页。

草原丝绸之路在历史上扮演着重要的角色，其形成、发展和繁荣代表了中国历史的一个辉煌时期。作为中西文化交流的产物，一直被视为对外交流的经典，对研究中西经济、文化发展起到了重要的作用。与传统意义上的“丝绸之路”相比，草原丝路分布的领域更为广阔，只要有水草的地方，就有路可走，故草原丝绸之路的中心地带往往随着时代的不同而改变。草原丝绸之路的形成，与自然生态环境有着密切的关系；在整个欧亚大陆的地理环境中，沟通东西方交往极其困难。环境考古学资料表明，欧亚大陆只有在北纬40度至50度之间的中纬度地区，才有利于人类的东西向交通，而这个地区就是草原丝绸之路的所在地。这里是游牧文化与农耕文化交汇的核心地区，是草原丝绸之路的重要链接点。

对于草原丝绸之路来说，大宗商品交换的需求起源于原始社会农业与畜牧业的分工，中原旱作农业地区以农业为主，盛产粮食、麻、丝及手工制品，而农业的发展则需要大量的畜力（牛、马等）；北方草原地区以畜牧业为主，盛产牛、马、羊及皮、毛、肉、乳等畜产品，而缺少粮食、纺织品、手工制品等。这种中原地区与草原地区在经济上互有需求、相依相生的关系，是形成草原丝绸之路的基础条件 。因而，草原丝绸之路还有“皮毛路”“茶马路”的称谓。

从历史上看，草原丝绸之路在辽元时期进入鼎盛发展阶段，此后渐趋衰落。元朝的覆灭无疑给北方草原丝绸之路造成巨大破坏，尤其是蒙古人退居蒙古草原后，蒙古诸部与明朝多陷入对立冲突的严峻局面，直接导致丝绸之路的衰落。然而，在元朝统治时期，蒙古人逐渐习惯了中原农耕社会中的那种丰富多样的物质生活享受，这种生活习惯在明代蒙古人向北退回蒙古草原后仍未被抛弃。蒙古诸部通过在本地发展农业，或南下进入农耕区武力掠夺，或在边境同汉人进行贸易获取自身生存所需。有学者指出，北方蒙古草原上诸游牧民族的日常生活中，高度依赖中原农耕地区的丝绸、絮帛、粮食和各种手工业品等。万里茶道的开辟与长期存在源于俄国和蒙古地区社会对茶叶的高度依赖与巨大消费需求，在北方草原丝绸之路逐渐衰落后，特别是清朝统一蒙古各部创造了和平通畅的经商环境后，万里茶道依循并发展了北方草原丝绸之路的商道，形成了新的贸易动脉。

（四）万里茶道茶源地①

万里茶道茶源地的形成和发展，是国内和国际商路演变的结果。其主要茶源地包括以下几处：

1. 安化茶区

位于湖南省中西部雪峰山区。据科尔萨克记述，略微苦涩的湖南茶“往往被制成砖茶大量出口”。鸦片战争后，安化又开始生产红茶。晋商长裕川茶庄商业文书《行商遗要》记述在安化收茶的情况，黑茶包括花套茶（百两茶、千两茶）和三尖茶（天尖茶和贡尖茶），红茶包括茶叶和花香（茶末）。一批晋商由行商转为坐贾，在安化开设茶庄，收购加工，如著名的“三和茶号”与“兴隆茂”（中茶安化茶叶有限公司的前身）。19 世纪末 20 世纪初安化茶业极盛，年产黑茶近 15 万担，红茶 70 万箱，是湖南最主要的茶区。

2. 以羊楼洞为中心的鄂南茶区

包括湖北蒲圻、崇阳、咸宁、通山、通城和湖南临湘的湘鄂交界地带山地茶区。蒲圻的羊楼洞是传统茶产区，附近有良港可通航汉口。到安化采购黑茶的晋商，在此推广砖茶制作技术。现

① 张宁：《“万里茶道”茶源地的形成与发展》，中国社会科学报，2020 年 5 月 13 日。

存清中期《羊楼洞、羊楼司买茶规程》等晋商文书显示，最晚到19世纪上半叶，以羊楼洞为中心的砖茶区已是“万里茶道”的重要茶源地。晋商在此长期经营，开设三玉川、巨盛川、长裕川等多家以“川”命名的茶行。印有“川”字的砖茶在蒙古地区和俄国西伯利亚广受欢迎。

3. 武夷茶区

以福建崇安县为中心的武夷山茶区是红茶的发源地。18世纪，红茶进入欧洲市场。武夷红茶外运从下梅村、星村启程，北至江西铅山河口镇后装船，下鄱阳湖、入长江，至汉口汇入万里茶道主线；或从鄱阳湖南入赣江，过大庾岭入广东珠江水系，运至广州出口。现存鸦片战争前形成的晋商《武夷买茶规程》详载从崇安县星村购买红茶后运至张家口的线路。直到太平天国战争前，俄国进口红茶都来自武夷茶区。从1842年至1951年的10年间，从恰克图总计出口武夷红茶2022936普特，约33136吨。

4. 宁红茶区

位于江西西北部的修水，以及毗邻的武宁和铜鼓县，境内有修河自西向东汇经赣江入鄱阳湖。修水古称义宁州，因此所产红茶称宁州红茶，简称“宁红”。当地红茶生产始于道光年间。据清人叶瑞延《纯蒲随笔》，“（宁）红茶起自道光季年，江西估客收茶义宁州，因进峒教以红茶做法”。宁红是著名的工夫红茶，是长江流域三种高档红茶之一，大部分销往俄国。19世纪90年代，年出口量达30万箱。

5. 宜红茶区

湘鄂西武陵山区自古以来出产优质茶，境内清江在宜都注入长江。据顾彩《容美记游》记载，18世纪初，容美土司地区已初步形成规模化茶叶种植产业，大量销往湖南湘潭。道光、咸丰年间，广东商人来此推广红茶制作技术。此后，武陵山少数民族地区的红茶生产和外销大规模发展起来，产地从鹤峰、长乐（后改名五峰）逐渐扩展到湖南石门和慈利。“宜昌茶之名驰于海外”，是长江流域三种高档红茶之一，最盛时年产二三万箱。宜红的花香号称第一，是汉口茶厂制造红砖茶的顶级原料。

二、万里茶道勃兴的核心动力与历史机缘

万里茶道的开通有着深刻的历史和现实原因。从根本动力上看，日常生活需求和追求商业利益是万里茶道能够从中国茶源地运送到北方的因素。与此同时，北方贸易的历史经验，以及恰克图开市和政策方面的保障，为万里茶道的成功开通提供了重要支持。

（一）茶叶需求与市场价值的促进作用

茶叶在俄语的发音为“恰—依”，与茶叶的汉语发音极其相似。这或许是当年俄国人为图方便，直接“舶来”中国读音。真相虽不得而知，但茶叶最早从中国进入俄国却是千真万确的事实。历史上，俄国人将中国运来的茶叶，统称为恰克图茶，因为是从恰克图入关进来的。1638 年，沙俄贵族瓦西里·斯塔尔科夫带给沙皇 4 普特（约 64 公斤）中国茶叶，沙皇一喝上瘾，从此茶便进入俄宫廷，随后扩大到贵族家庭。沙皇亚历山大一世也曾经下达各个驿站必须提供茶的命令，自此，茶叶成为国家饮料。当时，贵族家庭的佣工合同，除要求支付工资、提供食宿，还会特别注明：需每天提供茶饮。

俄国人深深沉迷于这一神秘的东方饮品，并由此产生了巨大需求。《明史·食货志》记载：“番人嗜乳酪，不得茶，则困以

病”“番人恃茶以生”。[1] 在西伯利亚一带，由于饮茶之风日炽，以致该地区有“宁可一日无食，不可一日无茶”之说。19 世纪，俄国出现专门的茶馆。国家对茶馆启动资金和税额，都有明确规定。对茶馆营业时间也有规定—必须早上 5 点开始。当时，法律规定还细致到茶馆必须要有 3 个房间，要有留声机、台球桌、茶炊等设施。诺维科夫说：“当时一个莫斯科人，一天喝 10 杯茶。而富裕的家庭，一天 20 杯都不算多。”自中国茶叶进入俄国以来，饮茶成为越来越多人的习惯，到 1913 年，俄国人每人每年消费茶叶已有 413 克。18 世纪中叶以后，茶叶逐步取代布匹成为输俄的第一大宗商品[2]，甚至替代银两成为硬通货，成为多数俄国人生活的必需品，且需求量逐年增加。

需求必然推动价格的上涨，给中俄茶叶贸易带来极大的利益。从中国一方来看，茶叶属于出口的暴利商品，在贸易过程中，人们认为茶叶的价值很高，茶砖在恰克图非常昂贵，甚至一块砖茶就可以换一只羊。茶叶贸易的巨大利益刺激了中俄商人的敏感神经，中国商人不辞辛劳地奔波到南方，在茶源地武夷山将茶叶直接从茶农手中采购回来，辗转运至恰克图。据记载，俄商“将在恰克图以一磅二卢布的茶价，转运至圣彼得堡，以三卢布的价钱卖掉，赚利五成。”“1839 年，在恰克图以 700 万元购买的茶叶，贩到下哥罗德市场（今下诺夫哥罗德州）售 1800 万元。”[3] 对于中国而言，收入也很可观。以嘉庆二十四年（公元 1819 年）为例，是年中方在恰克图售俄茶叶 67000 箱，约合 500 万磅，时恰克图售价，上品茶每磅价 2 卢布，中品 1 卢布，下品 47 戈比，以中品价计华商收入约五六百万卢布，约折当时中国白银 300 万

---

① 《明史》卷 80《食货志四》，中华书局，1974 年，第 1947、1951 页。

② 肖坤冰：《帝国、晋商与茶叶——十九世纪中叶前武夷茶叶在俄罗斯的传播过程》，《福建师范大学学报（哲学社会科学版）》，2009 年第 2 期，第 115 页。

③ 渠绍森、庞义才：《山西外贸志》（上），1984 年，第 49、58 页。

两，收入相当可观。[①] 而俄方输出的主要是皮毛、呢毡等物，其获利也很大，如野兽皮毛可获得利润 200%-300%。[②]

（二）北方贸易积累的通商基础

从历史上看，16 世纪以后，中国茶传入欧洲。清代早期，中国茶叶被当作外交礼物，馈赠给俄国沙皇和使臣。唐宋时期，茶叶就已成为茶马互市的重要商品。我国北方游牧民族的饮食以肉、奶为主，而饮茶有助于解腻消食，因此他们对茶叶有大量需求。明朝实行“开中制”，由朝廷发榜招募商人运输军需物资（如粮、茶、马、铁等）供应边防卫所、驻军，占尽地缘优势的晋商，开始北上南下贩卖盐、茶等商品，早在明洪武年间，晋商的经营范围向北就突破了大同、居庸关等边关要塞，抵达蒙俄边境，向南直至中国南方产茶区，东西两口（东口指张家口，西口指归绥即归化与绥远）发展为茶叶产区与承销市场的周转集散中心，最早的中俄茶叶贸易之路就萌发于此，中俄商人的交易主要是“茶毛交易”，即晋商以中国的茶叶换取俄国的皮毛。

清代中期，由中国前往西域、中亚、西亚的“丝绸之路”逐渐衰弱，“中俄茶叶之路”逐渐兴起。湘鄂闽自古产茶，均为“中俄茶叶之路”的起点，福建武夷山茶与“两湖（湖南、湖北）茶”逐渐占领蒙、俄市场，福建武夷山茶品种繁多，质量一流，尤以大红袍为最。此时的万里茶路由崇安县启程，船运过分水关进入江西省铅山县（又名河口），顺信江下鄱阳湖入长江，达樊城（今湖北襄樊市），再由陆路采用骡车、马车一路北上，每个商队有大车千辆，穿河南至西路山西大同、东路河北张家

---

① 渠绍淼、庞义才：《山西外贸志》（上），1984 年，第 56 页。

② 卢明辉、刘衍坤：《旅蒙商——17 世纪至 20 世纪中原与蒙古地区的贸易关系》，中国商业出版社，1995 年，第 217 页。

口，西路大部分茶叶再次北上，穿过茫茫草原、浩瀚戈壁，到达库伦，再至中俄边境的恰克图，改由俄商运销至莫斯科、圣彼得堡等地；另一路西进归化（今呼和浩特市）就地销售少量外，其余继续西运至包头、宁夏、乌里雅苏台等地，以后又延伸到新疆的乌鲁木齐、西宁、伊犁、塔城各处。东路茶叶向东北运至赤峰、锦州及黑龙江的漠河、海拉尔等地。

与此同时，在这条商路上，茶叶贸易依据中俄之间签订的条约执行。在茶叶贸易中，中国政府在很长一段时间里主导着以陆路进行的茶叶贸易。在清政府的贸易管制之下，中俄茶叶贸易形式单一，商路固定。中国商民开展边境贸易，出长城关口时须领取部票。部票对商人姓名、货物数、所往地方、启程日期都有详细的记录，到恰克图之后，贸易司官再行查验，无库伦发的执照，不准入市。在贸易时间上，也进行严格管控，执照限期一年，逾期不归须另行起票。未领部票私行贸易者，一经查出则枷号两个月，鞭一百，逐回原籍，永远禁止出口。[①] 从俄国一方来说，政府对于商队的管理也非常严格，官方商队来中国进行贸易也须领取执照。执照须向管理西伯利亚事务的衙门申请，由此衙门即行文知照伊尔库茨克、尼布楚总管及蒙古呼图克图。俄国商队的规模依据当时清廷规定，每次不能超过 200 人，后多次请求增加到 220 人。在往返的道路上，政府也有规定的官道，即由维尔霍图里耶、托波尔斯克、耶塞斯克、雅库茨克、伊尔库茨克、尼布楚进入中国境内，再至北京。[②]

如果不考虑中俄两国建设万里茶道的制度因素，其陆路贸易形式近似朝贡贸易的"进化版"，具有北方贸易比较典型的特征，

---

① 昆冈、李鸿章，等:《钦定大清会典事例》卷九八三，光绪二十五年（1899年）石印本。

② 姚贤镐:《中国近代对外贸易史资料（1840－1895）》第 1 册，中华书局，1962 年，第 104 页。

例如清廷也以边贸的“恩赐”换取了北部边境暂时的安宁。[①] 而俄国对与中国进行的茶叶贸易活动，更像是一种“顺从”的表现。向天朝进贡和天朝向蛮夷施舍成为“万里茶道”的隐藏含义。无论如何，其根植于中原王朝的思维体系，以及北方贸易的传统。

（三）恰克图开市联通的贸易动脉

恰克图俄语意为“有茶的地方”，它是清代中俄边境重镇，承载着中俄两国商人互通往来，述说着光荣与梦想的俄国小镇。恰克图南通库伦（今蒙古国乌兰巴托），北达上乌丁斯克（今俄罗斯乌兰乌德）。如今只是一个只有 1.53 万人的边陲小镇，但就是这样一个毫不起眼的小镇，曾是清代中俄边境贸易重镇。

恰克图开市促进了从福建武夷山至俄国的“万里茶道”正式形成。恰克图在中俄茶叶贸易中的地位极为重要，卡尔·马克思 1857 年在《俄国对华贸易》中说：“在恰克图，中国方面提供的主要商品是茶叶。俄国人方面提供的是棉织品和皮毛。卖给俄国人的茶叶，在 1852 年达到了 175 万箱，买卖货物的总价值达到 1500 万美元之巨，恰克图的中俄贸易增长迅速，使得恰克图由一个普通集市发展成为一个相当大的城市”。“这种一年一度的集市贸易，由 12 名代理商管理，其中 6 名俄国人，6 名中国人；他们在恰克图会商并规定双方商品交换的比率，因为贸易完全是用以货易货的方式进行的。中国人方面拿来交换的货物主要是茶叶，俄国人方面主要是棉织品和毛织品。”[②] 从中可以发现，恰克图是中俄贸易的重要平台，同时茶叶也是中国输出俄方的主要商品。

清朝初年，沙皇俄国频频利用国外市场来进行贸易渗透，亦

① 郭蕴深：《中俄茶叶贸易史》，黑龙江教育出版社，第 39 页。

② 《马克思恩格斯选集》，第 1 卷，人民出版社，2012 年，第 787 页。

用武力对清朝边境进行骚扰，以实现其经济强大、领土扩张的目的。他们通过蒙古地区进行贸易，中国商人（以晋商为主）将丝绸、茶叶、瓷器、工艺品及生活日用品运往蒙区，俄商将这些商品再运回国内。康熙帝平定三藩、收复台湾之后，对俄两次用兵，进行了著名的“雅克萨之战”，中俄于1689年（清康熙二十八年）签订《尼布楚条约》，规定俄国政府和私商组织商队，可以从张家口、外蒙古等地采买茶叶，但须有护照，凭路票进行贸易，且对入境人数及出境茶叶数量均有限制，尽管贸易有限，难以提供需求，但此举有效遏制了沙俄在中国的殖民入侵。1691年多伦会盟后，清廷允许汉民在理藩院统管下到后草地经商，旅蒙业应运而生，万里茶道初现雏形①。

中俄开始正式贸易往来，俄国商队纷纷来到库伦（今蒙古国首府乌兰巴托）、归化（今内蒙古呼和浩特市）、张家口、北京等地经商。后来，清政府一度禁止俄商在蒙古地区贸易，中俄贸易被迫中断。俄国为保住中国这个巨大的市场，于1725年（清雍正三年）派代表团来华谈判，清政府为断绝俄国与噶尔丹分裂势力的勾结，于1727年9月1日（清雍正五年）同俄签署《布连斯基条约》；1728年6月25日（清雍正六年），又在恰克图正式签署《恰克图条约》。根据《恰克图条约》条约规定：两国以恰克图河为界，俄国来华经商人数不得超过200人，平均3年来北京1次，免除关税；同时在两国边界处的恰克图、尼布楚、祖鲁海尔三地设互市，自愿前往贸易者，准其贸易。《恰克图条约》正式确立了边境通商口岸恰克图的地位②。

1792年，为维护边界安定和贸易秩序中俄签订了《恰克图市

① 李现云：《概述清代中俄四个贸易阶段的演变——以万里茶道河北段为例》，《农业考古》，2017年第5期，第88页。

② 王铁崖：《中外旧约章汇编》第1册，三联书店，1957年。

约》，之后双方贸易稳定增长，1798 年中国输俄茶叶数约 1.3 万担，到 1839 年，更达 54684 担。这一期间，俄国输入中国茶叶的增长率超过整个西方世界对中国茶叶需求增长[①]。输出到俄国的中国茶均来自中国南方产茶区，第一条路线由福建崇安县过分水关，入江西铅水县河口镇，在此装船顺信江下鄱阳湖，穿湖而过九江口溯长江抵汉口，转汉水至樊城，起岸北上，经河南赊镇，入山西，过潞安府、沁州和太原府运至河北张家口，再经库伦运至恰克图。或从山西杀虎口，归化抵恰克图[②]。在恰克图完成茶叶交易后，由俄商运输，最远至圣彼得堡，还会延伸至中亚和欧洲其他国家。

三、万里茶道兴起的历史阶段与主要特征

万里茶道并不是一蹴而就的，而是沿着历史的发展而逐渐完善。具体而言，万里茶道的发展可分为以下几个阶段[③]：

（一）第一阶段：1618 年，茶叶首次带到俄国

根据《茶叶贸易实务》一书记载，早在明朝崇祯年间，中国茶叶就开始由西北边境陆路运销俄国。茶叶首次到达圣彼得堡是在 1618 年（一说是 1638 年），被作为礼物从中国运到萨·亚力克西斯。当时沙皇使者对茶叶一无所知，不愿接受，后经劝说才勉强收下。他将茶叶带回圣彼得堡，沙皇命仆人沏茶请近臣们品

① 庄国土：《从闽北到莫斯科的陆上茶叶之路——19 世纪中叶前中俄茶叶贸易研究》，《厦门大学学报（哲学社会科学版）》，2001 年第 2 期，第 120 页。

② 张舒，正明：《清代晋商与万里茶路》，《文史月刊》，2016 年第 6 期，第 34—37 页。

③ 蒋太旭：《“中俄万里茶道”的前世今生》，《武汉文史资料》，2015 年第 1 期，第 55—59 页。

尝，意外的是，众人一致认为入口有奇香。从此，俄罗斯人开始了其漫长的饮茶史，茶叶具有消脂功效，尤其是西伯利亚以肉奶为食的游牧民族，到了“宁可一日不食，不可一日无茶”的地步。

1689年签订的《尼布楚条约》，标志着中俄长期贸易的开始。中俄贸易素有“彼以皮来，我以茶往”之说，自此，由张家口经蒙古、西伯利亚至俄国，贩运茶、丝为主商品的俄国商队日趋活跃起来，茶叶输出量不断增加，从此二三百头骆驼组成的商队满载着用来交换茶叶的毛皮，艰难跋涉于厄斯克·卡亚克塔边境线。返回莫斯科时，由于每头骆驼须装载4箱茶叶（大约270千克），因而行程非常缓慢。茶叶从中国南方茶源地的种植者到达俄罗斯消费者手中，需要16—18个月。漫长的运输过程决定了最早输入俄国的茶叶是砖茶。晒干的碎茶叶经过蒸压，形成体积更小且不易受潮的茶砖。饮用时，需要用茶刀将茶砖切开冲泡。

康熙皇帝亲征噶尔丹后，废除以川茶与西北少数民族马匹交换的茶马司，开放内地与蒙古等西北地区少数民族之间的贸易，促进了茶叶向西北地区运销的活跃，地处长江与江汉交汇的武汉于是成为南茶北运的通道。

（二）第二阶段：1727年《恰克图互市界约》催生“万里茶道”

17、18世纪，海路不畅通，丝绸之路淡出，俄国对华贸易却因新辟的茶路有了保障。1727年，中俄《恰克图条约》签订，为两国茶叶贸易发展奠定了基础。俄国对茶叶的巨量需求，催生了多条自中国南方茶叶产地至俄内陆腹地的茶叶贸易线路，其中就包括我们今天所说的“万里茶道”。

根据对福建武夷山、湖南安化及湖北羊楼洞等中国南方茶叶原产地探访发现，中俄万里茶道最古老的两条主线，一条从福建武夷山下梅村起，由河口走水路，沿西北方向穿江西至湖北汉口后，走汉江商路至襄阳再北上；另一条，从湖南安化起，沿资江过洞庭湖，穿越两湖地区，经湖北羊楼洞后在汉口集聚。这两条茶路，在汉口集聚后，再一路北上，纵贯河南、山西、河北，穿越蒙古沙漠戈壁，经乌兰巴托（库伦）到达中俄边境口岸恰克图。商队之所以舍弃顺水到大运河，走北京——张家口——多伦的路线，有两大原因：一是京杭运河承担运粮、运盐、运铜等朝廷任务，茶叶运输高峰的四五月间，正值南方大批粮上调京师之时，难以挤入；二是汉口——汉水——张家口——恰克图这条路线，沿途晋商云集，易照应，且有沿途批销、分散茶货的妙用。

商队到达边境口岸恰克图，再在俄罗斯境内延伸，经乌兰乌德、伊尔库茨克、图伦、克拉斯诺亚斯克、新西伯利亚、鄂木茨克、秋明、叶卡捷琳堡、昆古尔、喀山、下诺夫哥罗镇、莫斯科，最后抵达终点圣彼得堡。“这两条路上终日熙熙攘攘，先是肩挑车推，再是船行江河，接着是骡马，最后是驼队。茶叶在路上辗转一两年，其中从武夷山茶叶原产地出发的线路，总行程达1.3万公里”。此线路从江西河口镇开始走水路，河口到汉口，行船680公里，快则1月，慢则40天。这条水路进入长江水道运行，在河南赊店登岸后开始陆路运输，经过豫西的裕州（今方城）、鲁山、宝丰、汝州、登封、偃师，抵达黄河南岸的孟津渡口。此后会有一小部分茶叶转道洛阳，经西安与兰州运往西北边疆，而其余的大车队则在渡过黄河后，经河内（今沁阳）进入太行峡谷，后经凤台（今晋城）、长治、子洪口进入晋中谷地。在祁县、太谷等地的晋商大本营中修整换车之后，商队继续北上，经徐沟（今清徐）、太原、阳曲、忻州抵达代县雁门关。

之后除一部分人马沿走西口的路线去往呼和浩特与包头方向外，主商队会经应县和大同抵达张家口。在张家口出关的商队会贯穿蒙古草原，经库伦（今乌兰巴托）抵达位于当时中俄边境（今俄蒙边境）的恰克图，之后商队将横跨西伯利亚针叶林荒原，再翻越乌拉尔山脉，后经莫斯科抵达“万里茶道”的终点圣彼得堡。[①]

此时，“万里茶道”所售卖茶叶主要为湖南省临湘市、安化县和湖北省赤壁市的黑茶。《莼浦随笔》载：“闻自康熙年间，有山西估客至邑西乡芙蓉山（龙窖山北麓，南麓属临湘境），峒（指羊楼洞）人迎之，代客收茶取佣……所买皆老茶，最粗者踩成茶砖，号称芙蓉仙品，即黑茶也”。《莼川竹枝词》云：“茶乡生计即山农，压作方砖白纸封；别有红笺书小字，西商监制自芙蓉。”说的是山西茶商至羊楼司（临湘境内）、羊楼洞买茶，其砖茶以白纸缄封，外贴红签。湖南临湘与湖北的羊楼洞是著名的黑茶产区，以前皆为散茶，运输不便，后压制砖茶，因类方形，故称“方砖”，每块重量 1 至 6 斤不等，装箱或装篓。据载，1839 年（清道光十九年）临湘县销往国内西北各地及俄国的茶叶总量达 3600 吨。

（三）第三阶段：1861 年俄国人饮茶习惯源自汉口开埠

1851 年（清咸丰初年），太平天国运动爆发，1853 年（清咸丰三年），武夷山茶路完全中断。晋商只能采购“两湖茶”，且以湖南安化、临湘的聂家市，湖北蒲圻羊楼洞、崇阳、咸宁为主。1858 年（清咸丰八年），中英签订《天津条约》，汉口成为通商口岸，俄、英、美、法等国争购“两湖茶”，机警的晋商携带巨资到羊楼洞、聂家市办厂。

1861 年为汉口开埠年份，以此为起始，汉口国际贸易地位日

---

① 王建荣：《中国茶简史及其对外传播》，《文物保护与考古科学》，2019 年 4 期，第 144 页。

益突显，南方各产区茶叶经长江、汉水汇集于汉口，使之成为中国最大的茶叶集散地。一批批俄国茶商看准这一商机，直接深入湖北采购茶叶，在茶叶产区羊楼洞建立砖茶厂，又很快将砖茶厂搬至汉口，将蒸汽机首次引进武汉，砖茶制作告别手工，变成机器生产，产量大增。

1862 年（清同治元年），临湘茶叶贸易量上升至 4382 吨；1908 年（清光绪三十四年），临湘已有茶庄 40 家，到 1910 年（清宣统二年），临湘红茶总销量 1482 吨，青砖总销量 8765 吨，两项共计 10247 吨。

这期间，汉口输出的茶叶一度占中国茶叶出口总量的 60%，占对俄输出茶叶的 95%。这一历史数据，印证了当年汉口汇聚南方各省茶叶，沿万里茶道向俄罗斯及世界远销的事实。俄罗斯“伟大的茶叶之路”研究会会长尼古拉·费里申认为，普通俄国人饮茶习惯的养成，源自汉口开埠后，大量俄商在汉设茶厂，砖茶源源不断输入俄国。美国人威廉·乌克斯在他的著作、世界三大茶书经典之一的《茶叶全书》里记载：在汉口市场，俄国十月革命前著名的茶叶洋行有：新泰、百昌、源泰、阜昌、顺丰等。砖茶运到莫斯科和圣彼得堡，俄国人又依照欧洲习惯往红茶中加糖加奶，借着这热气腾腾的红茶来抵抗漫长而严寒的冬天。

从目前已经发现的诸多俄罗斯史料、历史地图可以看到，俄罗斯“伟大的茶叶之路”开端，无一例外，都标注为汉口。武汉大学俄罗斯乌克兰研究中心主任刘再起认为，“从国际商路的角度看，俄国人乃至国际上，把汉口视为万里茶道的起点，这没什么争议。南方是茶叶产区、茶叶源头，是国内的、地方性的集散地，汉口才是国际大码头。这正像西安、洛阳是公认的丝绸之路起点，而不把更远端的苏州、杭州等丝绸产地视为起点一样。”

（四）第四阶段：1905 年中俄茶叶贸易海上新路

一幅载于 1899 年 3 月 4 日《伦敦新闻画报》的汉口江边脚夫将茶叶箱子扛运上船的照片，展示了当年汉口作为世界茶贸易之都的繁华。然而，历经辉煌的这条横跨欧亚大陆的万里茶道命运再次被改变。对已有近 200 年历史的中俄茶叶之路而言，1905 年是一个具有划时代意义的年份。这一年，“全世界最长铁路”——西伯利亚大铁路开始通车，从此改变了万里茶叶之路的走向。绵延 2 万多里的陆上茶路，自此被一条更新、更快的通道所代替：来自汉口的茶叶，经长江黄金水道运至上海，再由上海通过定期海轮运至海参崴，然后，通过西伯利亚大铁路送到俄国全境。

“这条路线非常重要，它使茶叶的供货周期大幅缩小，俄罗斯茶叶的价格大幅下降，饮茶得到普及。但这也是一条短命的路线。”在《从近代中俄茶叶之路说起》一文中，刘再起教授写道：“1917 年，俄国十月革命后，输俄茶叶贸易日趋衰落，在汉口的几家俄商茶厂相继关闭，俄商独占汉口茶市半个多世纪的局面从此结束，长达两个世纪的中俄茶叶之路终于淡出历史舞台。”

四、万里茶道变迁的历史表现与具体原因

从万里茶道的发展历程看，并非一帆风顺、一成不变。事实上，在社会动荡、沙俄入侵和现代化交通运输通道打通的背景下，万里茶道的大方向没有改变，但形态一直处于变动之中。[1]

① 李明武，邱艳：《中俄万里茶道兴衰及线路变迁：过程分析与当地启示》，《茶叶通讯》，2020 年第 2 期，第 345-347 页。

（一）“万里茶道”茶源地因战火转移

现在所看到的关于两湖茶场的文献，更多的都是在第二次鸦片战争之后，咸丰时期，及太平天国运动期间，“万里茶道”的茶源地都发生过重要变化。太平天国运动，是19世纪中叶中国的一场大规模反清运动。1851年（清咸丰元年）至1864年（清同治三年），洪秀全等领导的反对清朝封建统治和外国资本主义侵略的农民起义战争。由洪秀全、杨秀清、萧朝贵、冯云山、韦昌辉、石达开组成的领导集团在广西金田村发动对满清朝廷的武力对抗，后建国号“太平天国”，并于1853年攻下金陵，号称天京（今南京），定都于此。

太平天国运动从1851年攻占永安到1864年首都天京被攻陷，前后共持续了14年之久。1851年，洪秀全发动金田起义，攻占了广西永安。1852年4月，太平军离开永安，进攻桂林而不克。转而一路北上进攻兴安，然后经全州、永州、道州、郴州、长沙、岳州，最终来到了湖北重镇武昌城下，于1853年1月20日攻下武昌，但在武昌仅仅停留20天，太平军就撤离武昌，转而直扑他们心中的目标—江宁（南京）。太平军顺江而下，先后攻克九江、安庆、芜湖等军事重镇，最终到达江宁，并于1853年3月19日攻克江宁，成功进入城中，并改名“天京”，正式建立了与清王朝相对峙的太平天国农民政权。而就此在广西、湖南、湖北、江西、江苏等省辗转了两年的太平军终于安定了下来。

然而此时清军为了扼杀太平军，先后在南京城外孝陵卫建立了江南大营，扬州城外建立了江北大营。同时太平军也没有闲着，先后派出了由林凤祥、李开芳率领的北伐军和由胡以晃、赖汉英、曾天养等人率领的西征军。后来虽然北伐军失败了，但是西征军却取得了重大成果。西征军溯江而上，先后攻克安庆、九江、武昌等重镇。与此同时，天京附近的太平军在东王杨秀清的指挥下，先后于1856年4月和6月攻破江北和江南两座大营，解除了天京之围。而在此时，太平天国也迎来了全盛时期。

虽然太平军先后发展到广西、湖南、湖北、江西、安徽、江苏、浙江等省，也先后攻克过600座城市，给人感觉太平天国实际疆域很大。但是这些大多数属于随占领，随丢弃的情况，因此太平军即使是在全盛时期也只相对控制了从武昌、九江、安庆到天京的沿岸地区，以及江西的大部分地区。而且即使是在这些地区，太平天国的控制也非常不稳定，经常是和清军处于拉锯战的状态。此外，太平天国时期，还有一股重要的民间起义力量——捻军，捻军的发展几乎与太平天国同时期，且活动范围主要在今天的安徽北部、河南东部、山东西部、江苏北部等，刚好处在太平天国控制区域的北部，也影响了“万里茶道”的运输线路。

太平天国运动阻断了长江运输线路，福建茶源地遭受兵燹，使南方的产茶区无法正常生产，最终导致茶源地转移，“万里茶道”的运输线路也因此有了变化。因武夷红茶北运通道受阻，晋商在汉口周边地区采购红茶。精明的晋商将主要茶源地从武夷山转向了同样盛产茶叶的湖南安化，以及以赤壁羊楼洞为中心的鄂东南茶区，这里茶叶质量好，交通便利，有利于向汉口集中。此前，已有广东商人到两湖推广红茶制作技术。晋商的采购，使得两湖红茶和毗邻湖北的江西宁红茶区取代武夷茶区，成为俄国市场的茶源地。中国的红茶产区扩张到长江中游，最远到达武陵山少数民族地区。

从茶路地理上看，湖南安化的茶叶运输分水旱两路：水路穿洞庭湖由岳阳入长江，至武汉，转汉水抵樊城，起岸后仍旧是走河南、山西抵张家口转恰克图路线；旱路则走常德—沙市—襄阳—郑州，入山西北上抵张家口，再转运恰克图。而湖北羊楼洞的茶叶则从蒲圻赵李桥，经新店镇，穿黄盖湖进入长江，到汉口后也是转汉水到樊城，而起岸之后的线路均相同。至此，两湖地区成为输俄茶叶的主要茶源地，汉口取代福建下梅村成为万里茶道的新起点。而至恰克图的运输路程因此缩短了 300 多公里，对茶商降低运输成本也起到了一定的作用。

（二）俄商另辟“汉口—上海—天津—恰克图”东线茶路

1858 年，俄国与清政府签订《中俄天津条约》，迫使中国开放上海、福州等七处通商口岸，并且扩大陆路通商，对俄国陆路通商人数、携带货物与资本不予限制。1861 年《北京条约》后汉口正式开埠，同年 3 月，俄国大幅下调茶叶进口税。1862 年和 1869 年沙俄迫使中国先后签订《中俄陆路通商章程》和《改订陆路通商章程》，从此打破了边境贸易的地域限制，规定俄国商人在中国新疆和蒙古地区获得贸易免税权，俄商货物从陆路运至天津，进口正税“按照各国税则三分减一”，经张家口时还可留十分之二在当地销售，免纳子税。条约的签订使按章纳税的中国茶商在竞争中处于不利地位，而俄商在通商优惠特权下纷纷从恰克图边境茶市涌入中国内陆自行采办茶叶，并甩开晋商开辟的传统运茶线路，另辟“汉口—上海—天津—通州—张家口—恰克图”的“东线”运茶线路。这条线路取道长江，直抵上海，再换装海轮北上，经山东半岛，直抵渤海湾，从天津往北转运至河北通州，用骡马、骆驼驮运，经张家口运至恰克图。

开埠后的汉口由于兼得水陆河海联运之利，成为中国最大的茶叶集散地，被誉为“东方茶港”。1861 年，俄国人李凡诺夫在汉口建立了第一家砖茶工厂——顺丰砖茶厂，而后蒲圻羊楼洞的砖茶厂纷纷迁至汉口，俄国茶商改进制茶技术，用蒸汽机压制取代手工制作砖茶，从而逐步垄断了汉口的茶叶加工业。英商在与俄商竞争中败北，转而到印度和斯里兰卡寻求发展，俄商自此控制了中俄茶叶贸易。

上海虽然自古以来并不产茶，但在中国的茶叶发展史上占据着非常重要的地位。从明朝开始，上海不但成为了中国对外贸易的港口之一，而且还涌现了多位撰写茶书、对茶业发展作出贡献的著名茶人。鸦片战争后，长江航运迅速发展，外国资本主义从沿海口岸深入中国内地。1843 年上海开埠，作为全国最主要的茶叶交易集散地之一，海纳百川的上海逐渐形成了初具规模的近代茶叶行业，对万里茶道的发展起到了深远的影响。

天津作为重要的港口城市，在万里茶道水路运输上起着十分重要的作用，起到连接中国内陆与俄国恰克图之间茶叶贸易。1860—1880 年间，天津至恰克图“中俄贸易达到最兴盛之时期”，商队首尾相望，络绎道路，昼夜不息。

通州是京杭大运河的北部端点，在中国南北文化交流与融合史上，扮演了非常重要的角色。在“万里茶道”上，来自南方的茶叶经海路运到天津后，又沿京杭大运河到达北京。通州作为漕运的重要中转站，负责将茶叶等商品卸船上岸，又经陆路转运至张家口，从张家口北上便踏上了“万里茶道”的陆路段。在漕运年代，每年抵达通州的各类船只总数达三万多艘，其中有大量的商船往来其间。清代的经世名臣包世臣写道：“南货附重艘入都，北货附空艘南下，皆日用所需，河之通窒则货之贵贱随之。”南方的瓷器、茶叶、丝绸等商品源源不断的通过大运河运送到北方。

（三）开辟江海联运的运茶路线

“万里茶道”经过发展，建成了以汉口为中心的中俄茶叶贸易网络，主要有三个方向。第一个方向运往恰克图。其中，“万里茶道”形成过程中长期使用的经汉水北上的江河陆联运路线继续得到使用，直到 1906 年京汉铁路全线通车后，茶叶从汉口经铁路直接北运，汉水航线逐渐失去作用，于 1911 年起停止运茶。19 世纪 60 年代，俄国茶商在汉口到张家口之间开辟了另一条江河海陆联运线，即从汉口装船运至上海，经海路运至天津，再转陆路至张家口后，走传统路线到恰克图。到 19 世纪末，俄商逐渐控制了恰克图方向的茶叶贸易，晋商势力衰落。

第二个方向是直接运往欧洲的江海联运线，即汉口—上海—伦敦—波罗的海—莫斯科；汉口—上海—苏伊士运河—敖德萨、巴统。前者始于 1861 年俄国西界开茶禁；后者由俄商直接运营，始于 1869 年苏伊士运河开通，到 19 世纪末其贸易量已接近经恰克图输入俄国的茶叶。

第三个方向是 1903 年 7 月中东铁路通车和 1904 年西伯利亚铁路基本建成后开辟的江海铁路联运线，即茶叶从汉口装船运至海参崴，或从汉口经上海至大连，转铁路北上运至海参崴，然后经西伯利亚大铁路运销俄国各地。除上述路线外，还有少量汉口茶通过其他路线输往俄国各地。

总的来说，第三个方向是“万里茶道”变迁后的重点方向。自 19 世纪末开始，俄国加速了对远东地区的开发，1905 年俄国举全国之力修建的西伯利亚大铁路全线通车，万里茶道的走向就此改变。俄商将中国茶叶从上海、天津的水道直接运到太平洋的海参崴，通过中东铁路和西伯利亚铁路运往俄国各地。原先俄国商队从恰克图到莫斯科需耗时 16 个月，而借西伯利亚铁路运输整个过程只需 7 周。新的水铁联运线路主体部分无需再经中国境内，因而晋商在俄蒙贸易中的中介作用逐渐消失，张家口所支撑的恰克图贸易渐渐衰落。1905 年之后中国平均每年向俄国输出茶叶超 10 万吨，其中 80% 是从海参崴经由西伯利亚铁路运往俄国的，经恰克图出口俄国的万里茶道基本退出历史舞台。“海路联运”运茶路线的形成既是万里茶道发展的最顶峰，又是其走向衰落的转折点，这使得陆路中转城市进一步失去了其贸易价值，而俄国可以利用西伯利亚大铁路入侵中国的交通系统，从而更便利地强占贩茶利益，成为了由盛转入衰的分水岭。

第五章
日落之殇——时代之变与茶道衰落

历史总是惊人的相似。公元715年即唐玄宗天宝十年，唐朝名将高仙芝兵败大食国后，让中国失去了对中亚地区的控制权，其后中国河西走廊和陇右一带也不畅通，“陆上丝绸之路”屡遭梗阻，逐渐衰落。幸而，17—18世纪，中俄开辟了由南向北、由东向西的万里茶道，中欧陆上贸易通途得以延续。但是，由于海洋霸权国家的崛起、中国国力的衰落与海上贸易通道的开辟等诸多原因，再次将中俄万里茶道的贸易价值与地缘政治价值降低，茶道的兴衰轮替再次进入了循环往复，陷入了日落之殇。

一、万里茶道兴盛之中的隐忧

在中俄两国政府与民间团体的共同推动下，万里茶道以两湖茶源为起点，途经中原商贾之地，深入蒙古西部文化聚集地，从口岸进入俄国境内后，至欧洲腹地。在这一过程中，万里茶道作为中俄茶叶贸易的重要通道，兴盛之中含有巨大的隐忧，为后面这条万里茶道的衰落埋下了深深的伏笔。

第一，万里茶道具有较为强烈的政治属性，外部动荡和内生动力不足的问题同时存在。万里茶道很大程度上是在中俄官方允许的基础上产生的，特别是1689年中俄《尼布楚条约》签订后，俄国加入了中国的贸易体系中，并在18世纪签订《布连斯奇条约》和《恰克图条约》后将边境贸易的市镇制度化、固定化。在《恰克图条约》中，中俄规定两国以布尔河为界分别设立市镇进行外贸交易，由此俄方建立了恰克图，中方则建立了买卖城。中俄茶叶贸易主要依据中俄双方订立的条约进行，不可避免地受到双方政府的监管。同时，商民出长城关口时，须领取部票，部票对商人姓名、货物数目、所往地方、启程日期都有记录，去恰克图贸易司官还要进行查验；俄国官方商队亦须领有执照，管理更是严格。[①] 这些因素限制了中俄茶叶贸易的规模和数量，使官方成为左右茶路兴衰的主导，特别是由于俄国经常挑衅滋事，清政府曾三次下令关闭恰克图市场，分别是1762—1768年、1778—1780年和1785—1792年，使双方贸易中断了15年，对万里茶道的建设起到了负面作用。此外，茶叶贸易模式也不可避免地限制了中俄商人的贸易种类和内生动力，尤其是当时的中国没有受到西方重商主义思想的影响，不会对外部世界的需求做出评估反应，在乎更多的是国内需要多少俄国商品，导致中俄茶叶贸易量虽大幅增长，但始终没能满足俄国自身的茶叶需求，也使俄国希望成为衔接中欧贸易必然通道的愿望落空。

第二，俄国作为万里茶道的终点，受到国贫力弱的制约，无法推动茶道进一步向西延伸。如果说万里茶道是一条线的话，俄国占其一半的长度，既是茶叶贸易的目的地又是中转站。有学者统计，即便在外蒙古归中国所有时，万里茶道也有一半以上的线

① 吴贺：《18—20世纪中俄茶路兴衰的再思考》，《南开学报（哲学社会科学版）》，2017年第2期，第69—70页。

是在俄国境内。[1] 俄国始终希望利用万里茶道的商机，控制世界茶源并垄断全球茶叶贸易，从而获得超额的商业资本。然而，受制于自身的原因，万里茶道始终没有在俄国取得西进的发展，最终被海上入侵的列强侵占殆尽。一方面，俄国的地区发展极为不平衡，远东的贸易文化比中国要落后混乱得多。经常有俄国商人还没把货物运到莫斯科就已经挥霍一空。[2] 另一方面，俄国的工业水平较低、经济资本薄弱，与英国等西方国家的廉价工业品竞争存在较大差距，在以货易货的茶叶贸易中往往存在亏损和白银外流的现象，于是俄国市场上的茶叶价格居高不下[3]，难以拓展欧洲市场。此外，在俄国商人利用不平等条约控制了汉口的茶叶市场后，曾经幻想通过海路贸易分享一部分英国的利益。但是，俄国航海事业与英美等国无法相比，没有自己的远洋商船队。1867 年，俄国政府将其北美洲的殖民地出售给美国政府，海路贸易几近停滞。因此，即使俄国在后期掌控了汉口茶市，背靠中国产茶区，却因为技术落后，贸易观念陈旧，无法与印度和英国殖民地茶叶产业抗衡，从而彻底失去了与英国茶商竞争的资格，俄国自身也成为对方的销售市场，万里茶道逐步被冲击而没落。

第三，万里茶道的陆路运输始终无法降低成本，在更优运输方式可供选择的情况下容易受到冲击。万里茶道的文化与商业属性决定了陆路运输是其主要方式，中国茶道具有对外贸易和满足蒙古及西部地区民众对生活必需品需求的属性。从文化价值与历史意义上看，万里茶道符合了国内贸易和货物转运的需要，经口岸西向俄国去客观上也开辟了中欧之间文化和贸易动脉与文化走

---

① 后段陆路达 6600 余华里，中蒙境内全程共约 9500 余华里，故称为“万里茶道”。如果将俄国境内 5000 公里茶道一并计算，其全长将达到 9000 公里以上。

② 吴贺：《18—20 世纪中俄茶路兴衰的再思考》，《南开学报（哲学社会科学版）》，2017 年第 2 期，第 70 页。

③ ［俄］叶·科瓦列夫斯基著，阎国栋译：《窥视紫禁城》，2004 年，第 220 页。

廊。因此，可以说以陆路为主的万里茶道是承载政治、文化、经贸等多种因素的贸易通道，这也解释了为何陆路运输成本较高的情况下万里茶道仍焕发勃勃生机。在时代变化的情况下，以上因素都会让位于其他贸易和文化交流的方式，也将顺应于运输方式的变化。在实际操作层面，从中俄长达万里的茶叶贸易通道，运输成本比水路要高很多倍，加上需要在中国境内缴纳 2 次税，在俄国领土上缴纳 12 次苛捐杂税，使茶叶贸易的成本占收入比重下降，在水路运输等更优运输方式可供选择的情况下容易受到冲击。为了满足降低成本的贸易需求，俄国多次尝试开辟海运通道，但因技术水平、船队装备、地理位置等因素的限制，没有拓展出直通的、可控的海上贸易通道。苏伊士运河开凿后，时代发展催生了新通道的开辟与万里茶道的衰落。

二、俄国出台的政策举措与茶叶贸易的萎缩

对于俄国而言，万里茶道的开通不仅单纯满足于日常所需，还要借此渗透、介入并控制中国的茶源。关于中俄茶叶贸易，马克思的经典著作《俄国的对华贸易》中分析得非常精准，即俄国外交艺术和政治手腕使得其独占了中俄茶叶陆路贸易，而且不费一枪一弹，就取得了英国人和法国人梦寐以求的特殊利益，使边陲小镇恰克图被称为“沙漠威尼斯”。

俄国对中国的渗透是其帝国扩张的一部分，“万里茶道”与俄国的“东进”之路存在着历史阶段上的重合。如果没有西欧文明的进步，俄罗斯可能会成为新时代的匈奴人、突厥人、蒙古人，但由于受到西方的深刻影响，最终以混杂的在欧亚大陆北部的姿态崛起，以这种姿态继承了草原游牧民族的遗产。1581 年，一个叫叶尔马克的俄罗斯人，在大地主的支持下，率领一支 840

人的军队，向东越过乌拉尔山，凭借火枪与火炮的优势，彻底击败了西伯利亚汗国，把边界推进到了额尔齐斯河流域。沙皇大为兴奋，他几乎是无意间得到了金帐汗国的发迹之地。俄国人为东方的空旷而激动，于是商人与探险者在政府的鼓励下，开始不断向东方推进。公元 1610 年，他们大批达叶尼塞河流域。公元 1632 年，推进到了勒拿河流域，并修建了雅库茨克城。此时，沙皇决定直接介入东部疆土的开拓，设督军府进行统治，开始有意识地经略远东。公元 1644 年，波雅尔科夫率领一支 132 人的探险队从雅库茨克出发，越过外兴安岭，侵入中国黑龙江流域。这一带是中国的疆域，明朝的奴尔干都司治所设立在庙街，即今黑龙江入海口处的鞑靼海峡沿岸。

与此同时，清王朝由盛转衰，在经历了“康乾盛世”之后迅速走向衰败。到了清王朝末期，中国门户洞开，西方列强的入侵将中国茶叶贸易分割殆尽。特别是在印度和锡兰茶业兴起后，英美等西方国家缓步撤离中国市场，俄国进而掌控了中国茶叶的出口。《天津条约》签订后，俄国将茶厂迁往汉口。1865 年，俄国在汉口成功排挤掉了中国人自己的制茶厂，并在 70 年代逐步垄断了汉口茶叶市场。据 1877 年中国海关的《贸易报告》统计：“1875 年前，汉口共签发护运茶叶的外运子口税单 193 张，总值为 799235 海关两，其中俄商占 179 张，护运茶叶及茶砖的价值为 727592 海关两，占总值的 91%。”①

伴随着俄国政府及俄商从茶叶贸易中获得了可观的经济利益，俄国人更加想将茶叶移种回本国，从而获取更大的利润。19 世纪中叶，俄国人开始在黑海沿岸栽种茶树，开创了欧洲大陆种茶之先河。然而，由于俄国大部分地区气候较为寒冷、种茶技术

① 中国海关总税务司：《贸易报告》，1877 年版，第 40 页，转引自郭蕴深：《中俄茶叶贸易史》，黑龙江教育出版社，第 108 页。

不足、土地特性差异较大等原因，俄罗斯种茶的尝试在最初的几十年都没成功。直到 1893 年，刘峻周等 10 名中国技师去俄国茶园指导种茶技术，扩大了茶园规模，并按照中国的形式建立了俄国第一座小型制茶厂，推动了俄国制茶技术的进步。[①] 从这时起，俄国开始了较大规模的茶叶种植，当年仅波波夫公司就种茶 385 亩。到 20 世纪初，种茶之风在俄罗斯的巴统等地盛行开来，茶园面积达到了数千亩。据威廉·乌克斯统计，俄每亩可产茶 170-200 磅，年产茶叶可达 4-5 万担，约占当地中国茶叶进口量的五分之一到三分之一左右。[②] 虽然俄国茶叶生产并未给中俄万里茶道造成巨大威胁，但给中国茶叶出口带来潜在的危机。

19 世纪 90 年代以后，中俄恰克图边关互市的总额已经十分微小，但俄国政府为摆脱被西方挤压的被动局面，维护其在恰克图市场上的地位，对中国及其他国家产品征收重税，“以致赴俄华商半多亏歇，而库伦至张家口一带商务亦因之窒碍。”[③] 处在极端困境之中的恰克图华商，为了维持生存，不得不将中国茶叶及土货赊给俄商，俄商却常常以各种借口一再拖延，引起诸多纠纷。由于俄国税率陡升，恰克图的华商已无利可图，纷纷歇业倒闭。至此，恰克图作为俄国向中国出口商品和进口中国茶叶的陆路口岸，作为万里茶道上联结中俄的关键节点，作为中俄双方二百余年并曾极大兴旺过的边关互市至此已不复存在了。[④]

---

① 陈椽：《茶业通史》，农业出版社，1984 年版，第 92 页。

② 威廉·乌克斯：《茶叶全书》上册，东方出版社，第 102 页。

③ 中国第一历史档案馆：《外交部为俄商运送茶糖俄收税款甚重应照意免税事给俄使照稿》（外务部档）。

④ 陈椽编著：《茶业通史》，农业出版社，1984 年，第 165 页。

三、世界茶叶市场变迁与万里茶道的衰落

茶叶由中国传入西方后，对茶的热爱甚至推升至企图垄断茶叶贸易及掌控茶源。1820 年之前，中国依靠茶叶等贸易物品，GDP 一直排在全球第一，是西欧十几个国家 GDP 总和的三倍。正是有茶叶这样的硬通货，才使晚清得以立足于世界，吸引全球的贸易者，也因为如此，才有晚清知识界和政界的“以茶制夷”。[①] 已经初步崛起的西方列强看准了茶叶的价值，为称霸世界茶叶市场展开了长达一个多世纪的竞争，最终将中国排挤压制到世界茶叶贸易的“边缘”，为万里茶道的衰落埋下了伏笔。

（一）世界茶叶市场控制权的转变

以中国为中心的世界茶叶市场并非只有中俄万里茶道一种表现形式，海上茶叶贸易存在着激烈的竞争。西方列强中，荷兰东印度公司首次采购中国茶叶并向西方倾销。16 世纪，随着新航路的开辟，葡萄牙人依靠其强大的航海技术和海上力量，成功地在茶叶贸易中抢占了先机。到了 17 世纪，作为海上霸主的荷兰，开始大规模的茶叶贸易，它先后将茶叶传至英国、法国、德国和美洲。在 1602 年，荷兰成立东印度公司，专门从事茶叶等物品的东方贸易。在 17 世纪和 18 世纪初期，荷兰都是西方国家中最大的茶叶贩运国，而且凭借着其长期的积累和战略布局也成为了西方海上贸易的控制者，对茶叶在欧洲的传播起到重要作用。

当时茶叶被认为是“灵草”，是“能治百病的药”，克伦威尔独裁时期（1653—1658 年），以其药用功效由东印度公司传入英

① 周重林、太俊林：《茶叶战争——茶叶与天朝的兴衰》，华中科技大学出版社，2012 版，第 II 页。

国。17世纪中期，第一次英荷战争荷兰战败，荷兰的海上霸主地位开始动摇。18世纪的时候，由于英国东印度公司的印度棉纺织品与英国国内纺织业者利益不相容，该公司便将贸易焦点转向茶叶进口，推动了茶叶贸易量迅速增长。1768年至1772年，英国东印度公司的茶叶贸易量就达到年均8075744磅，1792年东印度公司自华输出红茶156000担（20794800磅），价值白银3413054两，还购买了价值624640两白银的绿茶。19世纪中期，英国从中国进口的茶叶数量已达到52000000磅。[①] 英国成功打破了荷兰海上贸易的垄断地位，最终取代荷兰成为新的海上霸主，并很大程度上控制了中国对外茶叶贸易。

（二）茶叶贸易的激烈竞争

中国是世界公认的茶树起源国，由此，让茶叶在贸易往来上具备了得天独厚的优势，在19世纪中叶前，中国几乎是世界上唯一的茶叶出口国，并使茶叶成为对外贸易的硬通货。但是，茶的高额价值引起了崛起的西方殖民者的觊觎，想要通过自行种植的方式替换中国茶叶的进口，如有机会还可向外售卖获取利益。18世纪初，荷兰殖民者第一次尝试种植茶树。1728年，荷兰东印度公司在中国采购大量茶籽前往爪哇栽种，但由于种植技术和当地气候等原因未能成功。

反复试种后，终于在一百年后移植成功，为其他西方殖民者种植茶叶开启了一条新道路。与此同时，18世纪末，英国也将茶叶引种种植，英国自然科学家班克斯指出，印度的比哈尔、兰格普尔、可茨比哈尔等地适宜种茶，建议英国政府大量引进茶种进行实验。1834年，英国驻印度总督本廷克组织茶叶委员会，该会

① 姚贤镐编：《中国近代对外贸易史资料（1840-1895）》第1册，中华书局，1962年，第629页。

秘书戈登乔装入福建购买大量茶籽，东印度公司还聘请茶工前去传授种茶和制茶技术。据统计，英国第一次从中国运回的茶籽在加尔各答植物园中育成42000株茶苗，这批茶苗于1835-1836年分别移栽于上阿萨姆省20000株，喜马拉雅山的古门和台拉屯20000株，剩下2000株移植于南印度的尼尔吉利山。除这42000株分配给各国营茶园外，还有9000余株分配给170个私人植茶者。[①] 此后，印度茶叶生产逐渐发展壮大，并在后来成为国际市场上中国茶叶强有力的对手。

作为资本主义殖民者，英国种植茶从一开始就为获取超额利润而采取资本主义的经营方式，使用先进的机器逐步实现各类茶叶的加工生产。殖民者利用廉价的劳动力，采取超经济的强制手段，迫使茶叶种植园里的工人每天工作十几个小时，但只支付其微薄的工资。茶叶资本家们用获取的高额利润扩大再生产，改进技术，生产的茶叶逐渐廉价于经过封建时代层层盘剥而生产的中国茶叶，中国茶叶的质量优势让位于价格劣势。与此同时，为了在国际市场上与中国竞争，英国政府采取了不断提高中国茶叶的关税、赋予了印度免税出口茶叶的权利。这些举措迫使英国商人开始少量采购中国茶叶，英国本土及其殖民地只得向印度进口茶叶。

19世纪末，印度尼西亚、印度、锡兰（即今斯里兰卡，下同）和日本已有少量茶叶输出。在1886年，即中国历史上输出茶叶最多的一年，达134102公吨，日本输出21590公吨，印度、锡兰、印度尼西亚共输出6950公吨，中国输出量占产茶国总输出量的81%以上。但至1900年，在世界茶叶总贸易量274791吨中，印度已超过中国，占31.74%，中国占30.47%，锡兰占24.64%。当时印度、锡兰均为英国的殖民地，印度尼西亚为荷兰

① 陈椽：《茶业通史》，农业出版社，1984年，第90页。

的殖民地。由此可见，在19世纪末，英、荷等殖民者已从在中国购茶转而在他们的殖民地生产茶叶输入本国，或转销其他国家。20世纪初，印度已经发展为世界最大的茶叶生产国，一直延续至2003年，同时也是最大的茶叶出口国，一直延续到90年代中期，之后被中国所取代。

受英国政府的限制，澳大利亚的华茶进口数量也出现锐减，从1888年占总进口额的8.78%降低为1908年的0.39%。到了1905年，英国征收进口茶税共计800余万镑，其中印度茶占60%，锡兰茶占32%，中国茶仅占4%。[①] 此外，为了推销茶叶，英国、日本等国还恶意抹黑中国茶叶的质量，宣称中国茶商外销茶叶（主要是绿茶）是通过染色加工而成的，这使得中国茶叶在国际市场上的价格大跌，甚至只有印度茶叶价格的四分之一。

通过种种手段打击与限制，尽管印度和锡兰茶在质量上不如中国茶叶，但由于价格低廉，在国际市场上一经出现，就具有很强的竞争力，因此出口量不断增加，并极大地冲击了中国茶叶。到19世纪末，印度和锡兰输出茶叶超过中国茶叶的输出量，到了20世纪初，印度出口茶叶就超过了中国，进入20世纪第二个十年后，甚至连锡兰的茶叶出口量都超过了中国。这让我们看到，茶叶贸易在19世纪后期遭遇激烈的竞争，中国茶叶在国际上的市场的份额大幅萎缩，最终在新的茶叶贸易形势下而退居最大茶叶出口国之位，也给俄国市场进入模式和茶叶贸易的衰落埋下了伏笔。

（三）鸦片易茶的巨大危害

清朝后期，对中国伤害最大的除了殖民主义的入侵外，还有

① 吴贺：《18-20世纪中俄茶路兴衰的再思考》，《南开学报（哲学社会科学版）》2017年第2期，第74页。

随之而来的鸦片贸易。鸦片对中国经济的危害巨大，鸦片贸易使中国大量财富流失，大量白银流出中国，以及战争造成的战败赔款，成为19世纪中国危机的重要根源之一。然而，这一罪恶的鸦片最初传到中国，是因为英国殖民主义者为了抵消贸易逆差。在印度和南亚茶业兴起之前，西方国家难以撼动中国对茶叶贸易享有的绝对话语权，也无法拿出中国需要的商品予以交换。早年来华的英国商船，运载的白银常常占90%以上，而货物的价值不到10%。1731年，英国的3艘商船来华，运载货物的价值仅有14010两，载白银达655479两，白银占总价值的97.9%。有关文献统计表明，在1708年—1760年间东印度公司向中国出口的白银，占对华出口总值的87.5%。[1] 白银大量流入中国，引起英国政府对东印度公司的责难，并规定来华商船必须采办至少十分之一的英国本地出产的货物，以此来扭转对华贸易的逆差。然而，在当时世界经济体系结构中，在清朝自给自足的小农经济体制下，英国政府和东印度公司的愿望很难实现，并且它们也都极为清楚，没有哪一样英国及其海外殖民地的正常货物能够完全打入大清帝国的市场，更不能完全垄断甚至能够成为对外贸易的硬通货，根本解决之道是找到一种足以与茶叶抗衡的商品。

在此背景下，东印度公司选择用鸦片撬开中国市场的大门，以此来抗衡茶叶作为对外贸易硬通货的作用。然而，当时在中国贩卖鸦片是明令禁止的违法行为，鸦片战争以前，清政府执行严格的海禁政策，但结果却是越禁越多，输入中国的鸦片数量急剧增长。自1773年起掌握鸦片的专卖权后，通过港脚商人非法走私间接向中国输出鸦片，自己则从鸦片贩卖权的拍卖中猎取厚利。港脚商人将英国东印度公司从印度运来的鸦片、棉花在中国

① 刘鉴唐，张力：《中英关系系年要录》第1卷，四川省社会科学院出版社，1989年版，第732—733页。

出售，所得的现金交给公司在广州的账房，用以购买茶叶，同时从公司账房领得汇票去伦敦或孟加拉兑付银钱。这样，以印度鸦片换购中国茶叶的局面迅速形成。[①]

从 1773 年东印度公司对鸦片实行专卖到 1785 年的 12 年中，公司从鸦片贸易中共获利 534000 英镑[②]。“单是鸦片的售货收入就足以抵付公司的全部茶叶投资而有余”，不仅使东印度公司获利丰厚，而且使英国政府和国家在政治上和财政上获得无法计算的好处。[③] 1804 年以后，公司“必须从欧洲运往中国的现银数量就很少，甚至全不需要。相反，印度向广州输入的鸦片迅速增加，很快就使金银倒流。”1806-1809 年，约有 700 万元的银块和银元从中国运往印度，以弥补贸易的差额，这是英国利用对华出超的开始。[④] 1801 年，东印度公司伦敦董事会甚至赤裸裸地建议孟加拉国“总督增加鸦片生产，借以避免必须向中国运送银块。”[⑤]

美国商人的抱怨也证实了这一点：“鸦片贸易不但使英国人有足够的钱购买茶叶，而且使他们能把美国人运到中国的白银运回英国。”于是，美国也加入到对华鸦片贸易中，换取中国的茶叶，并很快成为中国茶叶的大宗买主。仅是在 1822 年—1837 年的 5 年时间里，鸦片在中国的销量就增长了 5 倍。[⑥] 1838 年—

---

① 吴贺：《18-20 世纪中俄茶路兴衰的再思考》，《南开学报（哲学社会科学版）》2017 年第 2 期，第 72 页。

② Owen D. E., British Opium Policy in China and Inida, New Haven Conn, 1934, p. 37.

③ 吴贺：《18-20 世纪中俄茶路兴衰的再思考》，《南开学报（哲学社会科学版）》2017 年第 2 期，第 72 页。

④ Morse H. B., *The Chronicles of the East India Company Tranding to China*, 1635-1834, Vol. 3, Oxford, 1926, p. 102.

⑤ ［英］M. 格林堡，康成译：《鸦片战争前中英通商史》，第 97 页。

⑥ Sarah Rose, *For all the Tea in China: How England Stole the World’s Favorite Drink and Changed the History*, p. 12.

1839 年输入中国的鸦片更是高达 2000 多吨。由于两次鸦片战争的失败，清政府采取基本不干预的政策，结果导致鸦片走私更加猖獗，仅上海一口输入的鸦片就已接近第一次鸦片战争前全国进口的总量。1854 年—1855 年，上海进口货物总值为 1262 万两，其中鸦片 911 万两，竟然占到总额的 72%。

从短期来看，英国和中国的贸易差额逐渐向有利于英国的方向扭转，并促使中国茶叶在世界市场开始加速走向衰落。从长期看，英国的对华鸦片贸易摧毁了清朝自给自足的小农体系，让中国人的体魄与意志出现断崖式下降，并诱发了此后的鸦片战争等一系列帝国主义侵华战争，从这个方面看，鸦片贸易成为一场帝国主义入侵中国、控制中国、殖民中国的“开路先锋”。

四、新航路开辟与万里茶道的中断

万里茶道从中国福建崇安（现武夷山市）起，途经江西、湖南、湖北、河南、山西、河北、内蒙古等七地，经库伦（现乌兰巴托）到达中俄边境的通商口岸恰克图。全程约 4760 公里。茶道在俄罗斯境内继续延伸，又传入中亚和欧洲其他国家，使茶叶之路干线延长到 13000 余公里。从上述的描述中我们可以看到，万里茶道不仅是商业贸易通道，还是沟通中俄乃至中国与欧洲的交通动脉，其兴衰与交通需求的变化及贸易通道的转变有很大关系，背后实质上是地缘政治的变迁。

（一）贸易通道之变实为时代气象之变

万里茶道因商而盛、因茶而兴，但从根本上讲是中国历史朝代的兴盛之象，一个强大的朝代有能力和气魄沿着认定的方向开疆拓土、往来经商。然而，随着西方启蒙运动和工业革命等一系列颠覆性活动的推进，东西方力量对比发生了明显的此消彼长的变化。当世界近代史的大幕掀开时，中国的衰落和西方的崛起给万里茶道走向衰败定下了沉重的调子。

十五世纪地理大发现以前，西方通往东方的商路由陆路到埃及的亚历山大港，必经之地便是奥斯曼土耳其帝国。在 1453 年君士坦丁堡沦陷后，这条商路被奥斯曼土耳其帝国控制。而有的西方国家和奥斯曼土耳其帝国合作，有的则尝试去开拓新的商路，以绕开土耳其。正是因为有开拓新商路、探索新世界的需求，哥伦布、麦哲伦、达伽马等航海家才会探索新航路，使西方文明在广阔大洋上迅速崛起。

从茶叶贸易的角度看，华茶极大地影响了世界航运和贸易格局。当英国于 1815 年击败了拿破仑帝国后，战争所带来的压力随之消失，他们不再需要那些武装到牙齿、自给自足到可以在海里漂上很长一段时间而不需要靠岸的老式英国战舰了。在和平年代里，船体变得更长，外表变得更光滑，航速也变得更快了。东印度公司垄断对华贸易的局面于 1834 年终结，新的贸易公司一个接一个地涌现，它们纷纷要求从这块大蛋糕上分走一块——这些商界新贵的名头在东方依旧备受尊敬：太古集团、渣甸集团以及马西森集团。这些商行为了抢占利润丰厚的茶叶贸易市场，而向东印度公司发起挑战，后者就像它名下的船只一样，笨重臃肿、效率低下。竞争越来越激烈，这为结构更为精密、速度更快的高桅帆船的出现创造了新的原动力。

1849 年，《不列颠航海条例》的撤销使得美国造船只得以在中国出入，美国人终于可以直接在英国码头卸下一箱箱中国茶叶了——他们的卸货时间还能比英国造船只提前几周。美国舰船是以 1812 年战争中出现的快速私掠船的流线式船体为蓝本而设计的，这种船往返纽约和广州之间只需不到 100 天时间。出于对航速的渴求，英国的船舶设计师们又重坐到制图板前：他们削减了船头，将船体设计得更窄，让桅杆倾斜化，用这些新创意朝波士顿最好的舰船工程师叫板。

短短20年时间内，在上述三大因素——拿破仑战争的结束、东印度公司对华贸易垄断时代的终结，以及美国船舶开始进入中国的共同作用下，舰船航速方面有了革命性的突破，茶叶航运的时间成本也大为缩短。与远东的贸易所获利润实在太丰厚了，法国人眼红之下，开始动手开凿苏伊士运河。尽管快速帆船是根本无法在运河河道通行的——它们实在禁受不起红海海面上大风的考验，然而蒸汽轮船却能够以比帆船快一倍的速度抵达中国。由于沿途的燃料补给站选址布局合理，乘船前往中国和印度比以往变得更容易了。到了1869年，随着苏伊士运河开凿完成，因茶叶运输业而生的航海技术革新全都成了历史。野心勃勃的英国商船船队已经不再需要变化无常的风来驱动，它们可以用可靠而稳定的煤作燃料。

中国在世界舞台上的角色亦因茶叶而改变。茶叶贸易起源于繁华的、被实施殖民统治的城市——香港，现在这座城市再次回到了中国的怀抱，是东方的商业中心。有人认为，如果由一系列茶叶贸易所导致的革命没有打断中国大陆大约一个世纪的发展进程，那么现在整个中国在世界上的角色可能更类似于香港。在华外国势力的存在，再加上茶叶和鸦片贸易所引发的巨大浩劫，使得大清王朝的皇权遭到严重削弱。大清王朝的没落引发了一连串的历史演变：先是国民党崛起，最后被中国共产党所取代，当所有的历史大戏尘埃落定后，便成了今天的海峡两岸远远相隔的局面。没人能合理地论证出，这一幕幕历史演变都只是因那些茶叶而起的；但同样没人会忽视，正是外国势力对这种充满中国风情的日用商品的渴求，才迫使中国向西方开放门户，进而导致了这个自给自足的封建帝国的没落。

在西方大航海时代，中国的统治者通常选择将海外贸易一禁了之，没能主动融入到世界经济奔涌的主动脉中。在探索世界的过程中，葡萄牙、西班牙、荷兰与英国相继崛起，为国际政治带来了新气象。虽然到 19 世纪，中国仍是世界制造业的中心，但西方国家凭借着对海上贸易通道的掌控、先进的科学技术、强横的坚船利炮，对东西方力量消长的天平的掌控，在地缘政治上逐步向东推进从而实现其对中国的战略压制，把握经济主动权以达成经济分羹的目的，至清王朝末期，政治衰败、经济衰落、交通受阻已无力支撑万里茶道，只得将其命运的决定权拱手让人，即使陷入衰落也无法挽回。因此，万里茶道这条贸易通道之变实则是东西方实力对比之变、世界政治中心转移之变、世界经济模式之变与人类历史的时代气象之变。

（二）西方海运的兴起与陆路的式微

海洋对世界历史具有极为深远的影响。西方在 15 世纪末的成就，不仅在于发现通往东印度群岛的海上航道，还包括发现了美洲大陆，以及麦哲伦环球航行时绕过合恩角。由于瓦斯科·达·伽马和麦哲伦的航行，人们终于发现海洋是连在一起的，而且大洋是可以安全穿越的。地球的形状和海洋一体的发现使得此后的沿海交通变成了远洋运输的附属物，海上强国也被大洋强国所取代。

15 世纪—17 世纪之间，欧洲的船队出现在世界各处的海洋上，这个时期被称为“大航海时代”。纵观大航海时代，葡萄牙和西班牙成为欧洲大陆上航海最为发达的国家。标志性事件有：1488 年迪亚士发现好望角、1498 年达．伽马到达印度、1492 年哥伦布发现美洲新大陆、1519—1522 年麦哲伦船队首次实现环球航行。他们的壮举也代表着世界航海探险活动步入高峰期。但由于葡萄牙和西班牙的贵族过度奢靡挥霍，两国在 16 世纪中后期逐渐衰败。

到了 17 世纪，荷兰航海开始崛起。1600 年，荷兰的商船队超过了 10000 艘，是当时世界上最大的船队，被称为“海上马车夫”。1602 年，荷兰人将各种私营贸易公司合并为一家国家运营的企业——荷兰东印度公司。到了 18 世纪，荷兰吞并了周边的保护国，构建了一个庞大的地域帝国。但由于荷兰缺乏自身扩张所需的资源以及与英国、法国开战等原因逐渐衰落了下来。

18 世纪开始，英、法逐渐取代了荷兰在航海界的“龙头”地位，两国在北美洲、非洲和印度就殖民地问题开展了全面的竞争，因此展开了一系列的战争。最终，因为法国政府以欧洲争霸为主，对海外殖民地并不重视以及英国本国土地不如法国肥沃，为了发展国内纺织业而采取的“圈地运动”，也迫使被逐出家园的人们来到殖民地居住等原因，英法的海外殖民地争霸以英国压倒性的胜利而告终。

世界航海史的发展，映射了全球贸易动脉的深层次变化，因海而生、倚海而兴，成为 15 世纪以来世界政治经济贸易格局变化的最深刻写照。新航路的开辟，是人类历史上最为重要的历史事件之一。新航路开辟以后出现的商业贸易与以往显著不同。由于在彼此隔绝的几块大陆间开通了远洋航线，几千年来一直沿着各自轨迹独立发展的东西半球和大洋洲之间建立了联系，其贸易范围是超大跨度、超大规模和超大范围的。[①] 特别是在太平洋贸易活动中，我们已经知道，水路运输之所以优于陆路运输，是因

① 齐世荣主编：《世界史·近代卷》，高等教育出版社，2007 年版，第 167 页。

为在远距离运输货物时，前者比后者的费用更为低廉。[1] 这使得茶叶、丝绸等商品装载上航速快捷、载重量大的航船，逐步从陆路贸易通道加速转到海路贸易通道，万里茶道的地理位置优势渐趋让位于更加便捷、快速而低廉的海运优势。另一方面，由于在印度洋、大西洋和太平洋三大海洋贸易圈中都是欧洲商人占据着优势地位，因此三大洋之间商业联系的建立便成为必然的结果，作为海洋民族的西方人必然依靠陆上节点和海上支点串联起商贸网络，深入内陆获取资源和物产，海上贸易才是其最合适的经济交往方式。总而言之，西方海运的兴起，严重冲击了亚欧大陆陆路运输网络，使之成为海运的从属，导致了万里茶道渐趋式微。

（三）西伯利亚大铁路的通车与万里茶道的衰落

对万里茶道形成致命一击的是西伯利亚大铁路。该铁路于1891年始建，1916年全线通车，总长9298.2公里，是横贯俄罗斯东西的铁路干线，起自莫斯科，经梁赞、萨马拉、车里雅宾斯克、鄂木斯克、新西伯利亚、伊尔库茨克、赤塔、哈巴罗夫斯克（伯力），到符拉迪沃斯托克（海参崴）。

西伯利亚大铁路的修建是俄国实现远东扩张战略的一个重要标志。伴随着俄国第十次俄土战争兵临土耳其首都君士坦丁堡却因为英法的阻挠而无功而返，一个极为现实的问题摆在了俄国沙皇的面前，此时欧洲的利益划分早已明确，想要在不刺激其他列强的情况下扩张自己的领土已经很不现实。经历过克里米亚战争的惨败之后，心有余悸的俄国并不想贸然与其他列强开战，因此唯有转移自己的目标向着利益尚未瓜分的远东前进。

俄国在亚洲的扩张早在其16世纪的伊凡四世时期便已经开

① 詹姆斯·费尔格里夫著，胡坚译：《地理与世界霸权》，浙江人民出版社，2016年，第266页。

始，到19世纪时期，俄国在亚洲的领土早已扩张到亚洲最东端的楚科奇半岛。不过俄国领土虽然急剧增加，但是对于这片土地的开发则极为困难，西伯利亚以及东西伯利亚广袤的土地由于纬度问题太过寒冷，而且最重要的是，作为俄国核心地带的欧洲地区与西伯利亚遥远的地理距离使得他们想要开发这片土地同样难度巨大。伴随着第二次鸦片战争的爆发，俄国通过《北京条约》在远东夺得了乌苏里江以东的土地，并由此获得了他们在远东的第一大港——海参崴。俄国虽然在地理上与清帝国接壤，但是俄国在与其他列强争夺在华利益时却处于下风。从欧洲到远东的遥远距离对于俄国的兵力投送和货物运输可谓是一个巨大的阻碍，而在海上的贸易又有英美等国家的激烈竞争。如何才能让俄国在远东的利益获得进一步的保障和扩充呢？那就是—修铁路。

与此同时，从16世纪开始，西方崛起推动沙皇俄国逐渐强盛，沙俄疯狂地在亚洲扩张领土，攫取了整个西伯利亚地区，这片广袤土地的面积达1200多万平方公里。到19世纪末期，俄国开始进入工业化时期，为了发展国内经济，沙皇开始关注起西伯利亚地区。当时，英美日等列强正在远东国际舞台上激烈角逐，使西伯利亚的战略地位凸显出来。为了牢固地占有这片远离欧洲的土地，也为了实施沙俄蚕食亚洲的“远东政策”，沙皇决定修建一条贯通整个西伯利亚的大铁路。

西伯利亚大铁路的建设改变了近代远东的政经格局，对当时的中国也产生了巨大影响。由于当时的沙俄一直觊觎中国的东北地区，因此西伯利亚大铁路在俄国的侵略政策中占有重要地位。西伯利亚大铁路开工后不久，俄国财政大臣维特就主张大铁路干线应通过中国东北直达海参崴，这样就可拉近中国东北与俄国之间的联系。恰在此时，清政府在甲午战争中一败涂地，被迫签订了割地赔款的《马关条约》。1895年签订的《马关条约》割让台湾及其附属岛屿、澎湖列岛和辽东半岛给日本。帝国主义列强也在远东展开了角逐，为了抑制日本在远东的势力，俄国联合德法两国进行干涉，“三国干涉”迫使日本“吐出”了辽东半岛。俄国则乘机秘密制订了所谓的“亚洲黄俄罗斯计划”。这一计划的基础便是在修建西伯利亚大铁路的同时，修建穿越中国东北并南伸至大连的铁路。因干涉还辽“有功”，俄国获得清政府的回报。1896年，李鸿章作为特使赴莫斯科祝贺沙皇尼古拉二世加冕时，俄国人诱迫他签订了《中俄密约》，决定在中国境内修建西伯利亚大铁路的支线，并命名为东清铁路，后又称中东铁路。1898年动工修建，1903年7月14日全线通车。

西伯利亚大铁路竣工后，给俄国带来了巨大的经济效益。在火车的轰鸣声中，原本荒无人烟的西伯利亚迅速繁荣起来。

与此同时，西伯利亚大铁路的通车，改变了万里茶道的走向。以往在恰克图陆路贸易上，华商一直利用牛马、骆驼等畜力运输，而西方则利用轮船与铁路运输，开通“上海—海参崴—莫斯科”的水铁联运线路，传统商路的衰落成了必然。1905年西伯利亚大铁路投入运营后，茶叶可从中国港口海运到海参崴，然后直达莫斯科，整个过程只需7周，每磅茶叶的运费仅需9美分，而从天津经恰克图到莫斯科的运输时间是19个月，传统的万里茶路更是望尘莫及。到一战时，中国出口俄国茶叶的80%经西伯利亚铁路运输，海路铁路联运已完全取代万里茶道，存在了近200年的中俄万里茶路就此退出历史舞台。

第六章
开辟先驱——晋商与万里茶道

商业承载的不仅是商路更是商人。在人类社会发展的历史长河中，商人以其精明的头脑、耐苦的性格气魄纵横，体制逐步成熟后承担起沟通、交换商品的重任，是人类历史发展进程中不可或缺的重要组成部分。丝绸之路、新航路与万里茶道的开辟均是在商业利益的驱使下，阿拉伯、西方和中国商人的足迹往返迁移而成。就万里茶道而言，晋商是其开辟的先驱者，为其繁荣兴盛写下了浓墨重彩的一笔。

一、晋商与商贾精神

晋商也可称为山西商人，是中国最早的商人，其历史可远溯到春秋战国时期。明清两代是晋商的鼎盛时期，个人拥有的财产富可敌国，曾经一度垄断中国票号汇兑业，是当今银行的鼻祖，在晋商繁荣期间，晋商曾称雄国内商界 500 年之久。晋商与潮商、徽商一起并称为中国历史的“三大商帮”，对于中国封建经济的发展，沟通东西南北作出了巨大的贡献。

（一）山西晋商的兴起

中国封建社会长期以来一直重农抑商，讲究“士、农、工、商”，商人社会地位最低。山西则不然，从春秋战国时期的计然、范蠡、猗顿、白圭大力倡导经商思想和理念，晋人逐渐形成了以商为本、以商为荣、以商致财的人生价值观。[1] 山西商业资本源远流长，主要与其地理位置孕育了独特的文化风貌有关。山西地处中原农业地区与北方游牧地区的中间地带，据清咸丰《汾阳县志》记载：“晋省天寒地瘠，生物鲜少，人稠地狭，岁岁年入，不过秫麦谷豆。此外一切家常需要之物，皆从外省贩运而至。”在这种艰苦的环境下，晋商以南北物资交流为主业。贩运绸缎于杭州，贩茶糖于汉口，贩葛布于四川。转而再将这些货物售于新疆，内外蒙及俄罗斯等地。民间流传一句山西人的名言“只要有麻雀飞到的地方就有俺老西。”[2]

晋商的兴起，早在先秦时代，晋南就开始发生了“日中为市，致天下之民，赞天下之货，交易而退，各得其所”的商业交易活动。从周秦到隋唐，尽管山西已出现一些大商人，但比较其他地方商人并无突出地位，无一定组织，还未形成一种商人势力。

晋商发展于隋唐五代。在此期间，又出现了晋州、潞州、泽州、太谷、平定、大同等新兴商业城镇。唐代诗人韩愈有诗云：“朗朗闻街鼓，晨起似朝时”。宋代，晋商与徽商大显身手。山西地处北部边防，宋王朝所需战马大都依靠北方的辽来供应，而辽更需要宋朝的手工业制品。因此，公元996年在山西“边州置榷

---

① 张维东：《“万里茶道”上的晋商精神》，《先锋队》，2017年第17期，第10页。

② 刘晓航：《晋商与中俄万里茶道的起源》，《广西职业技术学院学报》，2019年第4期，第23页。

场，与藩人互市”，而“沿边商人深入戒界”进行贸易。元代，虽然战争对工商业产生了一定的破坏作用，但是元朝政权结束了宋、辽、金的割据局面，特别是元代驿站完备，使商业活动地域扩大了。从《马可波罗行记》可以看到：“从太原到平阳（临汾）这一带的商人遍及全国，获得巨额利润。”

明代以来，晋商进入发展时期，一跃成为中国三大商贾势力之一。晋商在明代的迅速崛起有其深厚的历史文化和社会环境原因。其一是明朝“开中制”政策的实施，为晋商的发展提供了契机；其二，山西矿产资源丰富，手工业和加工制造业当时已初具规模，这又为晋商的发展提供了物质基础，使得晋商逐步走向辉煌；其三，由于晋南一带狭人稠，外出经商成为人们的谋生手段，推动晋商势力快速跃升。在此期间，晋商的商业组织开始出现。起初由资本雄厚的商人出资雇佣当地土商，共同经营、朋合营利成为较松散的商人群体，后来发展为类似东伙制，类似现在的股份制，这是晋商的一大创举，也是晋商经久不衰的一个重要原因。

山西商人作为地方性集团组织的出现虽在明代，但其发展的鼎盛时期则在清代。清代有俗语讲：“生子有才可作商，不羡七品空堂皇”，教育子弟要“好好写字打算盘，将来入住茶票庄”，所以有许多孩子在十几岁便托人担保，进入商号学徒，其中不乏后来成为商界精英者，“万里茶道”上许多茶庄分号的掌柜和店伙计有成就者数不胜数。[①] 清代中叶，山西票号崛起，晋商以其雄厚的财力，诚信而灵活的经商之道，刻苦耐劳和敢于冒险的精神，创造了“货行天下，汇通天下”的历史奇迹。

晋商兴盛的重要标志就是会馆的设立。会馆刚开始是为了联络同乡感情的，到后来发展成为维护同行或同乡利益的组织，最

① 张维东：《“万里茶道”上的晋商精神》，《先锋队》，2017年6月，第10页。

终成为国内势力最为雄厚的商帮。清朝时期的晋商雄居中华，饮誉欧亚，辉煌业绩中外瞩目。康熙时代，喀尔喀归附清王朝，外蒙古纳入清朝版图。雍正时代，又与扩张到西伯利亚的沙俄签订了恰克图条约，在恰克图、尼布楚等地开埠贸易，形成了著名的万里茶道，大量来自欧洲的货物被转运到恰克图交换，中国的大黄、茶叶、丝绸、瓷器等货品也通过俄国输送到整个欧洲。而晋商，在这条被称为北亚丝绸之路的万里茶道当中，起到了近乎垄断的作用，所获资财自不待言。

（二）晋商的主要产业

晋商称雄的过程中，一共树有 3 座丰碑，那就是驼帮、船帮和票号。其中，驼帮是晋商中以骆驼运输为主从事贸易活动的主要商帮之一，主要经营的产品为茶叶。当时，南来“烟酒糖布茶”，北来“牛羊骆驼马”。晋商经营茶叶的独到之处，就是运销一条龙。晋商在福建、两湖、安徽、浙江、江苏一带购买茶山，同时收购茶叶以后就地加工成砖茶，然后经陆路、水路两条路线运往其他分号。晋商的茶叶主要销往蒙古及俄国一带。在销往蒙古的时候要路过杀虎口，该遗址在现在的朔州右玉县，当时运销茶叶非常艰险。

船帮出现在清代中叶，随着商品经济的发展，货币流通量猛增，但当时我国产铜量极低，仅靠云南一地产的滇铜远远满足不了铸币需求。在这种情况下，山西商人组织船帮对日贸易采办洋铜。介休范家就是最为突出的代表。范毓宾时期，被人们称为著名的“洋铜商”。“驼帮”和“船帮”经商的过程中，真可谓是“船帮乘风破浪，东渡扶桑，商帮驼铃声声，传播四方”，写下了部部艰辛的创业史。

但是山西商人并没有只盯着洋铜和茶叶，山西商人的最大创举是票号。中国历史上第一家票号是由平遥李家独资创办的日升昌票号，地址在平遥的西大街上，现在已开发为“中国票号博物馆”。当时，在日升昌票号的带动下，平遥、祁县、太谷人群起仿效，形成了平遥帮、祁县帮、太谷帮。祁太平三帮曾有一度“执全国金融界之牛耳”的美誉。在清朝时，全国 51 家大的票号中，山西商人开设有 43 家，晋中人开设 41 家，而祁县就开设了 12 家。在这些票号中值得一提的是祁县的第一家票号合盛元。1907 年时，合盛元票号不惧风险，远涉重洋，在日本的东京、大阪、横滨、神户以及朝鲜的新义州等地，设立了票号分庄，从事国际汇兑业务，开设了我国金融机构向海外设庄的新纪元。

驼帮、船帮、票号只是山西晋商的经营方式，但其涵纳了经贸商业所涉及的收集买卖、交通运输、货物仓储、金融资金等一系列环节，承载了药材、茶叶、皮毛、酒楼、布匹、制衣等众多产业的发展与兴旺。其中，晋商从事的主要产业有：一是药材制品。在我国西北地区出产许多名贵药材，如甘草、杨记、房香等，尤其是大量的皮毛诸类商品，须向外输出。那里需要的茶叶、布匹、绸缎需要由外地购进，从事这项交易活动的主要是山西商人。二是副食品商业。自明以来山西晋商就在米面粮油等副食产业上极为活跃，到了清代又有进一步的发展。北京的粮食米面行，多为山西祁县商人经营；北京的油盐酒店，多为山西襄陵人经营；北京的纸张店，多为临汾和襄陵人经营；北京的布行，多为山西翼城人经营。其他如颜料、染坊、干鲜水果、粥行等都是山西人占据优势。三是布匹酒肆。史载：“四川隆昌、荣昌、内江一带盛产夏布，为朝鲜族喜穿之衣，中国人畴昔也有穿者。经营此业者，均多山西中区人。”此外，在贵州，山西盐商挟川盐入黔，著名的贵州茅台酒“是 1704 年山西盐商郭某雇工制造”，开始只是“盐商自饮”，后来“出现专为销售的烧房”，

“从山西雇了酿造杏花村汾酒的工人来茅台村和当地酿造工人共同研究制造。”

（三）晋商的商贾精神

晋商文化是几百年来通过几代晋商在经营过程中所形成的，一脉相承而又生生不息的内在精神和财富，既包括通过有形的物质载体所体现出来的文化内涵，如常家庄园和乔家大院等等，也包括无形的精神财富。当然，晋商所创造的物质财富直观而具体，这里要讲的晋商文化便是由晋商所创造并流传下来的精神层面的内容，这也是数百年来得以支撑其发展的内在灵魂和动力源泉，具体来说，可以概括为以下几个方面[①]：

第一，崇商重利。自古以来我国以农耕为主，无论是寒门学子还是官宦之家无不以学经论道一朝取仕、报效朝廷为毕生所追求的目标。而唯独在山西，从唐朝李氏家族晋阳起兵时提供财力支持的武士彟（即武则天的父亲），再到明清时期的晋商富甲天下。山西人始终在挑战着传统的士农工商的价值排序，他们非但没有看不起经商的人，反而把自己最优秀聪颖的孩子培养成商人，而那些家族中资质平庸之辈才会被要求走读书入仕的道路。可以说山西人历来走的都是一条与普罗大众价值追求相违背的道路，而这一点山西人并不以为意，相反，在他们看来，经商与做官有着某种相通的东西，如同官场中清者自清一样，经商之人身处名利场更要恪守本分、谨守道义才不会被利欲熏心的商场玷污了自己。因此，晋商在经营过程中往往表现得更加从容与自信。对财富的向往，以及在不法利益面前的克制才是山西商人得以称雄世界三大商帮之一的根本之所在。据有关资料记载，山西人在

① 石文娟：《论万里茶路与晋商文化》，《商业现代化》，2016 年第 2 期，第 18-19 页。

俄国做生意，竟然把犹太人从俄国的市场挤了出去，且犹太人也不得不叹服于小辫子中国人的经商能力，当然，这里的“小辫子的中国人”指的就是山西的商人。回顾历史，我们不得不赞叹先辈们在义与利之间取舍时毫不犹豫义字为先的抉择。崇商重利却有节有度，不取不义之财，大抵这才是晋商得以立足的根本所在。

第二，信义并举。众所周知，晋商出门在外所供奉的是关公，而关公是我国古代守信重义的典型化身，与此同时，关公也是山西人。晋商把关公视为偶像和保护神，也就说明晋商所秉承的是信义并重的价值观，这一点是在晋商发展过程中为其树立的独特的商人形象，也使得他们身上普遍有一种有别于其他商帮的道德自信。尤其是在晋商发展初期的合伙经营中能够得到体现，一般而言，合伙做生意很难维持，而晋商却把合伙生意做得很成功，最重要的一点就是晋商普遍以信立足，言而必信，义结同心。因此，晋商之间彼此信任，对外也是义字当先，时时刻刻以关公的信义精神来团结和影响着周围的人。这样的道德自觉，使得晋商在经营过程中如鱼得水，蜚声海内外的大盛魁，其最初便是由合伙创办起来的。而且晋商票号也大多是采取财管分离的经营模式，即出资人与经营者各司其职互不干涉的经营模式。这种投资人与经营者之间绝对的信任便出自于双方对信义的共同遵守，也可以说是一种共同的道德自觉。即便是在对外经营中，若是哪家商号的经营出现困境，其他晋商必定会出手对其鼎力相助，绝不会落井下石。在晋商长达五百多年的商业活动中，一直恪守着信义并重、坦诚相待、绝不欺诈的商业品德。他们信义并举的行为不仅为自己的商业经营活动打下了良好的基础和值得信赖的商业形象，赢得了巨额财富，也为后世从事商业活动的人们树立了良好的榜样。

第三，卓越创造。晋商所从事的行业和领域之多，经营范围之广，使得其在经营过程中不得不进行开创性的探索，没有任何前人的经营模式和经验可以借鉴，在某种程度上可谓是在摸着石头过河。然而正是这种前无古人的商业环境造就了晋商凡事敢想敢干的创业精神，也激发了他们内在的创造活力和动力。概括说来，晋商的创造性主要体现在以下几个方面：一是在资本运营方面。晋商敏锐地捕捉市场信号，随着社会经济的不断发展适时推出一系列的经营模式，并将其准确地应用到实际经营活动中去。自明代以来，先后推出数种经营模式，比较有影响力的有：贷金制、朋合制、伙计制及股份制等适应当时社会经济条件的制度。与此同时，他们还结合实际制定了与之配套的管理制度，大大促进了商业制度与社会经济发展的融合。在各个历史时期均发挥了重要的作用，取得良好的社会效益和经济效益。二是在人事管理方面。晋商在用人方面有着自己独特的策略，从人才的选拔培养到奖惩制度，无一不是严谨而自成体系的。在人才选拔上，其考察的首要内容便是人才的德行如何，其次才是对其经营才能的考量。通过综合评判人才的处事能力以及广泛听取社会评价来决定是否进行留用。并且秉持用人不疑的理念，一旦决定留用该人，便会放手让其最大限度地施展他的才华和能力，丝毫没有任人唯亲的嫌疑。如果是新入行的伙计，还会对其进行专门的技能培训，并规定了严格的考核条件。除此之外，还建立了颇为人性化的员工奖惩机制，用以调动他们的工作积极性。并且晋商在整个用人过程中都十分注重对人才的培养，把其作为关系到会馆生死存亡的大事来抓。三是在资金融通方面。晋商票号汇通天下，形象地表述了晋商票号的经营地域和经营范围，虽然票号钱庄等类似银行的金融形式早已存在，但是晋商票号在我国金融工具、金融业务和金融管理制度等方面的创新使得晋商票号在我国金融史上写下浓墨重彩的一笔。

第四，自强不息。山西地处中原，土地贫瘠，并不利于发展经济。然而晋商正是在这种极其不利的条件下创造了一个个白银帝国，靠的就是自强不息的品格和坚韧不拔的毅力。万里茶路上处处都在考验着人的身体和意志力，从崇山峻岭到大漠黄沙，山西人凭着一双脚一个坚韧不拔的信念走出了一条条财富之路。据史料记载，晋商的活动范围横贯亚欧大陆，东起日本，西至欧洲，南到港澳，北至彼得堡。我们难以想象在当时交通运输条件如此恶劣的情况下要完成这样的世纪商路需要付出怎样的代价，贫瘠的土地给了他们自强不息的灵魂，让他们的存在成为中华民族灿烂文化中最鲜活夺目的一支。

二、晋商开辟万里茶道

山西并不产茶，但“万里茶道”是清代由山西商人开辟的一条绵延两百多年的漫漫商道。茶叶产地与晋商之间是互相成就的关系，正是由于晋商的推动，茶叶才逐渐在欧洲流行开来。茶叶回报于晋商的是使其在17-19世纪的两三百年间迅速成为横跨欧亚大陆“汇通天下”的国际商贸集团。从文化线路遗产的角度来看，“万里茶道”不仅是一条普通的国际商道，更是以中原的“黄土文明”为纽带，沟通了草原游牧文明与农耕文明的通道。

（一）晋商开辟“万里茶道”的地理人文因素

草原游牧民族和中原人的贸易一直和地理条件相关。每一方都有对方所需的物品。居住在贸易区的人从贸易中获利。历史上，由地理因素和人口因素所决定的不同的经济体系之间贸易更加集中。历史之所以选择了晋商作为联通中俄“万里茶道”的主体，与山西特殊的地理环境是分不开的。

从商品属性上看，茶自古以来就是农耕民族与游牧民族之间重要的交易物质，自唐宋以来，农耕民族与游牧民族之间以“茶马互市”展开贸易，中央王朝也往往会在双方边界地带专门开辟一处作为边贸互市场所。在中蒙俄贸易中，边外民族和国家的生活必需品稀缺，而边内中原地区由于商品经济发达，具备了多种物产的供给能力，这种经济上的互补性，恰是游牧民族单一经济与农耕民族商品经济的互补。

从地理位置上看，山西地处中原王朝的北部边陲，尤其是山西北境与北方草原之间没有大的山川阻隔，可谓是农耕文明与游牧文明最后一次对峙的地带。从明朝起，山西北部边陲是直接贴着当时的国界。此外，山西是从北方草原直插中原的腹心地带，其本身兼具各种地貌类型，既适合发展农耕，又利于发展牧业。因地理位置上的优势，早在明代，晋商就开始与北方的少数民族开展边境贸易。从汉朝到清朝，晋商保持着北部边防军需物资最大提供商、运输商、服务商的地位，清朝边防的军马草料、豆腐制品生活物品由晋商保障。清康熙以后，北部边境终于稳定下来，于是晋商开始将眼光投向他处，深入蒙古草原与牧民做买卖，山西的地理位置和数百年积累的经商思维为晋商开辟“万里茶道”打下良好的基础，为人类交往提供了便利的条件。

（二）晋商开辟“万里茶道”的基本条件

晋商能够经营茶叶生意，不仅因其掌握着木船、马匹和骆驼等运输技术及工具，还与其对茶叶生产和经营掌控能力有关。具体说来表现为以下三个方面：

一是重视茶叶的高产高质与可持续发展之间的关系。农户采茶，是以茶商收买与否为转移，以前由山西帮专卖时代，立秋后即停止收买，故茶农立秋后不再摘，茶树较茂。现该地由粤帮代洋行收买，立秋后仍继续收茶叶，农户不知利害，贪一时之利，继续采摘，致茶树亏损，收获逐年减少①。与买办资本粤商“竭泽而渔”式的经营方式不同，作为熟知茶叶发展规律的晋商，“可持续性”是他们一贯追求的目标。

二是生产和经营双方能够做到利益兼顾而相互制衡的关系。在晋商经营的茶庄中，茶源地的人常常能得到重用和照顾，那些地位高、待遇好的工种则主要是由他们担任，除“扶机”“压砖”等待遇好的工种由本地人担任外，“护称”“管事”等管理人员一半由他们出任，另外一半则由山西籍人担任，通过这样的人员组合，在发挥彼此优势、兼顾彼此利益的同时，又能起到相互监督、相互制约的作用。

三是严格管理，做到质量和信誉并重。严格管理充分保证了质量和效能。晋商办事认真，要求严格，对按章办事和违规行为能够做到赏罚分明。老板和管事对砖茶的质量和分量都要一一检测，不准以次充好，不准缺斤少两，只有合格的砖茶才能压上茶号的名称。严把质量和信誉关，是晋商经营茶叶贸易的基本准则，也是其能够开辟“万里茶道”所依仗的重要基础。

四是吃苦耐劳，敢于冒险找寻经贸商机。万里茶道上的茶叶贸易利润丰厚，俄国和欧洲市场对中国茶叶的需求量非常大，价格也非常昂贵。据载，当时一包 25 市斤的茶叶，由武夷山贩卖到恰克图，利润高达六七两白银，一个茶庄一年之内赚到十五六万两白银是轻而易举的事。那为什么是山西晋商去贩茶，别的地方的人也可以去贩茶。原因是贩茶需要翻山越岭，长途跋涉，会遇到南方的洪水、北方的风沙、路途中的疾病、茶道上的匪患、沿途中的苛捐杂税、身体和精神饱受摧残，一趟下来近一年的时

① 华中经济调查社：《羊楼茶叶》，《汉口商业月刊》，1934 年第二卷，第二期。

间，病死、饿死、冻死都有可能，其他地方的人明知道贩茶挣钱，可都不敢涉足这个买卖，只有山西人敢冒风险，不畏艰辛，敢为天下先。晋商咬住了商机，拼出性命才换来了财富。有句话说，晋商，兴于茶，盛于票号。可见晋商从小商小贩发展到富裕大户是克服了一切艰难险阻，流血流汗，才造就了晋商的辉煌。

（三）晋商开辟茶源地与万里茶道

清代以来，随着北部边疆的游牧民族、俄国和蒙古地区对茶叶需求的日益增加，晋商于康乾这两个时期来到羊楼洞一带采办茶叶，中俄茶叶贸易有了较大的发展。受太平天国运动的影响，产茶地区北移至湖北的羊楼洞，从而对羊楼洞茶区的形成和发展起到了极大的推动作用。

有学者认为，在清朝的道光年间，晋商为了进一步扩大商务，曾踏入湖北东南部的武昌府组织货源，并指派专人监制茶叶。[①] 晋商进入湖北武昌府组织货源有多方面的因素：一是由于湖北武昌本是历史上的优质产茶区，是供应蒙古地区的固定对象；二是汉口的区位优势，武昌周边县市显然与福建位置近；三是由于欧洲对茶叶的发现及其需求量的增加，福建武夷地区距离广州较近，福建便成为欧洲第一茶源地，致使福建茶叶出现了供不应求的局面，便已不能满足晋商的需求。

晋商选用洞茶作为蒙古草原和西伯利亚一带的游牧民族的茶饮，有其历史原因，也因洞茶产量较高质量较优，可以作为外贸茶叶加以运输。从康熙年间开始，晋商就深谋远虑，颇具特色地栽培茶树、研制茶叶以及将茶叶组织运销，在茶业经济领域创办了具有资本主义性质的近代加工工业，为我国茶文化的发展与传播起到了积极的推动作用。

① 道光《蒲圻县志》卷四，风俗。

清朝乾隆年间，晋商在羊楼洞开设了多家茶庄，“三玉川”“巨盛川”两家茶庄，将羊楼洞砖茶大批量卖到了欧洲市场[1]，两大茶庄都与蒙古地区最大的茶商字号“大盛魁”建立了产销关系，每年生产帽盒茶约40万公斤。晋商在这里用观音泉等三条小溪的水压制砖茶，所以他们把自己的产品叫做“川”牌砖茶。此后，晋商中凡带有“川”字的商号大都与经营羊楼洞“川牌”砖茶有关，除“三 玉川”和“巨盛川”外，还有“长盛川”“长源川”“长裕川”“三晋川”和“宏源川”等。[2] 据统计，乾隆后期，每年由漠北蒙古高原输入俄国的茶叶不下200万斤。

清朝咸丰年间，由于太平军兴起的原因，晋商将茶源地转移到两湖，其中羊楼洞的一带是重中之重。晋商将茶源地由福建转移到羊楼洞一带降低了安全风险，也降低了茶叶收购成本，同时因为缩短了运输路程，也降低了运输成本和税收成本 。

由于晋商走南闯北，对广州、福建、江苏等地的茶叶制作过程都比较熟悉，山西商人在羊楼洞一带收购茶叶，也与当地农民交流自己长期经营掌握的许多茶叶生产加工知识使得蒲圻羊楼洞人逐渐学会了坑种法、育苗移载法、茶花间作法和压条法等，更新了炒青、蒸青等加工技术，随后又采用了木制杠杆压砖机。羊楼洞制茶工艺在晋商等外地商人的带动下逐渐提高。与此同时，清代晋商主要经营的帽盒茶、砖茶、红茶等，使得洞的茶品种逐渐增多。而砖茶作为后来发展的主流品种，与俄国茶商对砖茶生产技术改进关系密切。

在山西商人的带动和利益的驱使下，湖北茶叶种植区域扩大到整个鄂南地区。这一时期，蒲圻、崇阳、咸宁山区百姓“民不

---

① 李三谋，张卫：《晚清晋商与茶文化》，《清史研究》，2001年第1期。

② 严明清、贾海燕、路彩霞：《洞茶与中俄茶叶之路（二）》，湖北人民出版社，2014年，第78页。

务耕植，唯以植茶为业”①，“凡出茶者为园户，寓商者为茶行，自海客入山，城乡茶市牙侩日增，同郡邻省相近州县，各处贩客云集，舟车肩挑，水陆如织，木工、锡工、竹工、漆工，筛茶之男工，拣茶之女工，日夜歌笑，市中声成雷，汗成雨”②。此时鄂南茶区已基本形成，此间贩茶所获得的丰厚利润成为日后吸引俄商在羊楼洞开设茶行的动机。在茶源地成功培育的基础上，“万里茶道”有了蓬勃跳动的“心脏”，在晋商的努力下持续不断向外进行茶叶贸易和传播茶文化，是“万里茶道”的持续性血液。

（四）晋商开辟“万里茶道”的主要路线

在清代中叶，晋商敢为人先，在雍正五年，中俄两国政府签订《中俄恰克图条约》后，晋商抓住千载难逢的机遇，开辟了这条源于中国南方闽赣湘鄂四省茶区，由武夷山出发，通过信江、鄱阳湖、长江、汉江的水运，从洛阳孟津渡黄河，翻越太行山、雁门关、大境门、杀虎口，走 1500 公里的张库大道，经库伦到达中俄边境口岸恰克图的跨境大宗茶叶贸易大通道，由这条万里茶道产生的茶叶贸易是当时中俄两国最大的国际贸易。③

据文献记载，最早手持龙票赴恰克图贸易的晋商是带着汾酒和丝绸等货物的汾阳商人。《远东俄中经济关系》中讲道：“在 19 世纪中叶前的恰克图贸易中，中国方面为山西商人所独占，俄国方面在贸易中起主要作用的是俄国各中心省份的商人。早在 1728 年，就建立了 6 个在中俄边境进行贸易的公

① 常士宣、常崇娟：《万里茶路话常家》，山西经济出版社，2009 年。

② 同治五年：《崇阳县志·物产·货类》，引自《中国地方志茶业历史资料选辑》，农业出版社，1990 年，第 401 页。

③ 刘晓航：《晋商与中俄万里茶道的起源》，《广西职业技术学院学报》，2019 年第 4 期，第 23 页。

司都固定向恰克图发运某几类货物。”[1] 祁县民间收藏的晋商办茶宝典《行商遗要》详细记载了山西商人开拓的这条国际商道各段的距离、行程方式。该书详实记录了从万里茶路中国段中转集散站祁县到湖南安化的水陆路程。

第一段，祁县至泽州，陆路 580 里。“祁县三十里至子洪、四十里至来远打尖、三十五里至土门宿、四十五里至西阳打尖、六十里至沁州宿、六十里至虒亭宿、四十里至交川沟打尖、五十里至普头打尖、五十里至长平驿宿、六十里至乔村驿宿、六十里至泽州府宿。祁至泽州陆路五百八十里。由泽州过太行山六十里至拦车宿、四十五里至邗邰宿、五十里至郭村打尖、二十五里至温县宿，由彼早起二十五里至汜水北岸，名平皋。”

第二段，祁县至赊旗镇 19 站，陆路 1355 里。“过黄河南岸汜水县打尖、四十里至荥阳县宿、六十里至郑州宿、五十里至郭店驿打尖、四十里至新郑县宿、六十里至石固宿、五十里至颖桥打尖、四十里至襄县宿、四十里至汝坟桥打尖、五十里至旧县宿、五十里至龙泉镇打尖、四十里至裕州宿、五十里至赊旗镇。祁至赊一十九站，计陆路一千三百五十五里。赊镇伙食每人钱一百六，酒肉自备。”

第三段，河南赊旗镇至湖北樊城，水路 345 里。“如唐河（水）小，起旱三天半至樊城。若河内有水，赊五十里至埠口、十五里至兴隆镇、十里至新集、十里至李店见、二十里至袁潭见、二十里至唐县、二十五里至马店见、二十里至上屯、十里至下屯、二十里至郭滩、三十里至苍苔、三十里至阎家埠口、三十里至陈家河、三十里至双沟见、三十里至刘家集、十五里至龙坑儿、十五里至樊城。赊至樊计水程三百四十五里。”

---

① 加·尼·罗曼诺娃著，宿丰林、厉声译：《远东俄中经济关系（19 世纪-20 世纪初）》，黑龙江科学技术出版社，1991 年，第 18 页。

第四段，湖北樊城至汉口，水路1215里。“樊三十里至东津湾襄河下水十五里至石灰窑、十五里至刘家集、二十里至白家巷、十里至小河见、十五里至鸣金店、十五里至宜城县、十五里至关庄、五里至茅草州、十里至牙口、三十里至流水沟、十五里至岛口、五里至冯乐河、三十里至周家咀、十里至六官滩、二十里至李河口、十里至碾盘山、二十里至屠家集、十五里至二神庙、十五里至安陆府、三十里至狮子口、二十里至唐巷、二十里至石排、二十里至马良、三十里至旧口、四十里至沙洋、三十里至多宝湾、三十里至长乐园、十里至叶家滩、十里至施港、二十里至黄家厂、十里至押口、二十五里至张子港、八里至关帝口、七里至黑牛渡、十五里至鱼泛洪、三十里至岳家口、十五里至洪口、十五里至彭水河、三十里至马羊滩、十五里至陀介河、三十里至仙桃镇、十五里至肖家口、十五里至芦咀、十五里至麦麻咀、十五里至杨林沟、十五里至分水咀、十五里至半湖口、十五里至城隍港、十五里至杨子口、三十里至鸡麻口、三十里至汉川县、三十里至石工垱、四十五里至云口、十五里至肖家渡、四十五里至蔡甸、六十里至汉口。樊至汉计水路一千二百一十五里。”①

第五段，湖北汉口至湖南益州，水路840里。“汉口三十里至专口，汉江上水三十里至金口、四十五里至东瓜脑、四十五里至排州、九十里至嘉鱼县、七十五里至石头关、十五里至茅埠、十五里至新堤、四十五里至鸭蛋矶对江罗山、六十里至城林矶、十五里至岳州府过洞庭湖、七十五里至鹿角、六十里至李石山、六十里至云亭、三十里至卢林滩、三十里至麟趾口进小河、上水九十里至茅甲子口、十里至沙头、二十里至益阳。汉至益计水路

① 《晋商办茶宝典》，《行商遗要》，手抄本——转引自高春平：《晋商率先开拓万里茶路研究》，《经济问题》，2017年第2期，第8—10页。

八百四十里。”

第六段，湖南益州至边江，水路255里。“益三十里至奂家河进山、河上水三十里至桃花淹、二十五里至苏滩、五里至休山、三十里至三滩界、三十里至桐子山、三十里至马家滩、三十里至湖溪、三十里至小淹、十五里至边江。益至边计水路二百五十五里。”①

（五）晋商在万里茶道上的主要茶庄

晋商一般以茶庄的形式经营茶叶产业。茶庄，也称茶厂，或茶号。设置茶庄的目的是满足市场需求，建立固定的供货渠道，实现稳定的茶叶来源，同时对茶源地茶叶进行技术指导和质量监督，保障茶叶的质量。如同票号一样，晋商将其茶庄总部设在山西，但在诸如汉口、恰克图等中心枢纽城市设立分号，并在“万里茶道”沿途各地设立办事处。在万里茶道上，晋商中开设最著名的茶庄主要有：

大盛魁及其分号。大盛魁，是清代至民国初年在内外蒙古地区规模很大的一家旅蒙商号，总部设于归化城（今呼和浩特），以乌里雅苏台、科布多为中心，活动于内蒙古西部地区和外蒙古（今蒙古人民共和国）大部分地区，其资金雄厚，贸易一般年份的总额约一千万两左右。为满足贸易扩张的需要，大盛魁在中国各地重要城市都设有分号，负责办理运输和缴款等事项。在大盛魁商号中，经营茶叶生意的主要有“三玉川”和“巨盛川”两大茶庄。“三玉川”茶庄总号设在山西省祁县城内，投资了十万两白银，还有浮存的周转金十万两。它的茶叶进货渠道，主要是从湖南、湖北自采自制各种砖茶，除满足大盛魁自身的销售外，还

① 《晋商办茶宝典》，《行商遗要》，手抄本——转引自高春平：《晋商率先开拓万里茶路研究》，《经济问题》，2017年第2期，第8—10页。

卖给别的旅蒙商。“巨盛川”茶庄的情况也与“三玉川”茶庄颇为相似，也是到茶源地自采自制茶叶，它所采制的“巨盛牌”砖茶颇负盛名。因为来自“三玉川”和“巨盛川”等分号的贡献，总号大盛魁运销茶叶规模更大。大盛魁自身也经营茶叶，它除向“三玉川”和“巨盛川”等茶庄代购外，还向它的小号“东升长”茶布店驻店的茶商中购进一些，为的是遇有自制砖茶不够销售时及时能供得上，以免受其他茶庄的节制。大盛魁每年销出的砖茶多则三四万箱，少则四五千箱，按时价估算，每年茶叶的销售额多则上百万两白银，少则数十万两白银，所得利润估计每年最少在15—20万两白银[①]。

榆次王村郝家的“天顺长”茶庄。清康熙二十八年（公元1689年）前后，榆次王村郝家即在中国南方的苏浙和两湖等地区创办茶庄。“天顺长”茶庄早期名为“大顺长”。它自创办之日起生意一直稳步发展。道光年间，却连续亏五次本钱，但郝家时任掌门人郝天佑并不惊慌，仍一如既往地信任掌柜，多次追加投资。同时，改名为“天顺长”茶庄。意思是“顶天者，天亦顶之，天顺必长。”随后，“天顺长”在掌柜和伙计们的共同努力下，开始扭亏为盈，很快恢复了往日的地位。自19世纪中叶开始，在汉口及两湖地区，“天顺长”不仅声名卓著，而且出现了“天顺长不到茶市不开张”的情形[②]。

祁县渠家的“长裕川”茶庄。“长裕川”茶庄，创建于乾隆年间，经营茶叶贸易前后长达150多年，是晋商中开设时间最长、规模最大的茶庄之一。“长裕川”茶庄早期在福建武夷山贩茶，中期转入湖南安化，后期开辟了湖南、湖北交界地的羊楼

---

① 《大盛魁与茶叶生意“大盛魁现象”之六》，内蒙古区情网，2011年5月14日。

② 严明清、贾海燕、路彩霞：《洞茶与中俄茶叶之路（二）》，湖北人民出版社，2014年，第83页。

洞、羊楼司茶山。“长裕川”茶庄由祁县渠氏家族第十五代渠映潢创办。总号设在祁县城内段家巷，在汉口、长沙、南昌、扬州、十二圩（今江苏仪征市东南）、张家口、绥远、天津等地设有10余处分号。经过多年的摸索经营，基本形成了收购、加工、贩运、批发一条龙的经营体制，以国内市场为主导，通过洋庄打入俄国、英国等欧美市场。据说，极盛时每箱茶竟获利二至七两白银。每个账期，每股可分红白银七八千两，按当时的20股计，分红总额在十四万至十六万两白银[①]。

榆次常家的“大德生”“大涌玉”茶庄。常家一直是山西晋商的中坚力量。在乾隆时期，即在常家第九代时，常家按兄弟分为三支。咸丰之初，南常和北常两支在晋商中跻身前列，从商经验趋于成熟，资本积累已小有规模，此时常家从商已达十代。常家早期经营有“大德生”“大德兴”两家茶庄，此外还有聂家市的“大涌玉”。其中，“大德生”和“大德兴”是南常商号，“大涌玉”是北常商号。“大德生”总号设在张家口，其分号除蒲圻外，松江、苏州、汉口、河阳、奉天等处均有，经营范围较广。“大涌玉”在北常“十大玉”中排名靠后，其总号亦设在张家口，据传是从武夷山转入的茶号之一，《湖北省实业志》记载，大涌玉茶行建于清同治年间，是当时聂市街上最大的茶商之一。但调查发现，常家四个“玉”字号在恰克图茶叶贸易中占有相当大的份额。因此仅凭“大涌玉”所供货源是远远不够的，应该还有其他“玉”字分号在羊楼洞、羊楼司、聂家市等地开店办厂。[②]

---

① 范维令：《祁县渠家长裕川茶庄经营模式价值研究》，《晋中学院学报》，2007年第6期。

② 严明清、贾海燕、路彩霞：《洞茶与中俄茶叶之路》，湖北人民出版社，2014年，第88页。

三、晋商在万里茶道的没落

晋商在“万里茶道”上获得了大量的利润，随着“万里茶道”的衰退，必然会导致晋商实力受损。如果从更高一层的角度看，清朝末年在西方洋人的冲击下，晋商的利益蛋糕不可避免地同中国的民脂民膏一样被西方所瓜分，在国运衰落之下，晋商也不能逃脱没落的命运。

（一）“万里茶道”商贸环境的急转直下

第一次鸦片战争后，清王朝在海疆被打开国门，海上贸易额大幅上涨。19 世纪船舶技术的发展使得海运效率极大提高，欧洲各国不再需要依赖于沙俄中转，就能与中国进行贸易，这无疑使得北亚丝绸之路的地位极大降低。然而，北亚丝绸之路并未因此彻底衰亡，因为沙皇俄国仍需要依赖这条通道对远东投送人力，以实行其对清王朝的侵略计划。在 19 世纪末期，沙俄还在北亚丝绸之路一线，修筑了西伯利亚大铁路。因此，俄方以强势的姿态向中方争夺商业利益，使得晋商对于北亚丝绸之路所能掌控的利益极大减少，才是导致晋商衰落的重大原因。

据 1860 年《北京续增条约》第四条，俄商获得了在中俄边境地区免税贸易的权利。条约规定，俄商可在中俄交界各处随便交易，并不纳税；据 1862 年《中俄陆路通商章程》，俄商又获得了在天津口岸可以享受比各国低三分之一税率的优惠。1866 年，俄商又取得在天津口岸海关免征茶叶半税的特权。

俄国从过去完全依靠晋商提供茶叶的贸易，变为主要由俄商在中国各茶区设栈收购，打击了中国茶商。又加上俄国侵入中国沿江沿海和内陆各地后，贸易路线也发生了变化，由恰克图一路贸易变为四路贸易，晋商不再是中俄贸易的主要承担者，有相当大一部分是由俄商亲自经营的。这就使得山西商人的生意减少，经营状况日益萎缩，大多数店铺歇业倒闭。恰克图贸易兴盛时，晋商设有商号一百四十多家，清末只留下二十多家，减少了七分之六。

与此同时，俄国革命和外蒙古的独立对晋商也造成了重大影响。由于 1911 年外蒙古独立，俄国取得了外蒙古免税贸易的特权，晋商在对蒙贸易中无法与俄国竞争而遭受重大打击。1921 年外蒙古再次宣布独立，没收中国商人在外蒙古的资产，使大量晋商宣告破产。

更加严重的是，清末的晋商面临的是朝廷的肆意压榨和列强资本的输入和倾销的双重困境。沦为半殖民地的中国，在发展本土商业上处于极为不利的地位。由于不平等条约的存在，加之山西商人需要按清政府的规定缴纳厘金税收，在贸易成本上处于劣势。沙俄的势力也开始侵入我国各地，直接获取土产品并推销其工业品，无需再与山西出口的商帮易货了，恰克图贸易一落千丈。后来晋商为图生计，采用赊销茶货给俄国一些中小商人的办法，待其将茶叶售出之后，再返还贷款。然而，俄商公然拒付欠款，使晋商的利益大受损失。宣统元年，俄方突然单方面宣布对华商所经营的商品课以重税。晋商在俄贸易受到重税的窒息。不平等的贸易规则严重侵犯了晋商的利益。

（二）制茶生产与运输方式的落伍

如果说面对税费差异和贸易规则等方面的一些制约，晋商尚能凭借智慧来补充，依靠勤劳来克服，但面对机械技术带来砖茶制作的变革，以及航运技术带来运输方式的变革，已不是一个落后封建王朝的商人所能克服的，促使晋商与“万里茶道”遭遇时代转折一样，日子只能变得更加艰难。

到1873年后，随着俄商茶厂将本来的手工制作砖茶改为蒸汽机器压制，轮船技术的进步致使轮船运输成本下降，俄商的轮船也开始在汉口装运茶叶，情况急转直下。此时俄商的制作成本、运输成本和运输时间都在大幅度地下降，但晋商这时尚不知蒸汽机械为何物，更别说是运用蒸汽机器压制砖茶，购置轮船运输茶叶。与此同时，购置轮船也是不可能的，因为清朝规定，轮船招商局可以独树一帜，国内其他民族轮运不得营运。也就是说，俄商不仅在茶叶运输价格上远低于晋商，在运达时间上也短于晋商。

面对这种情况，当时的有识之士忧心忡忡："自江汉关通商以后，俄商在汉口开设洋行，将红茶、砖茶装入轮船，自汉运津，由津运俄，运费省俭，所运日多，遂将山西商人生意占去三分之二。而山西商人运茶至西口者，仍走陆路；赴东口者，于同治十二年禀请援照俄商之例，免天津复进口半税，将向由陆路运俄之茶，改由招商局船自汉（汉口）运津，经李鸿章批准照办。惟须仍完内地税厘（厘金），不得再照俄商于完正、半两税外概不重征，仍难获利，是以只分二成由汉运津，其余仍为陆路。以较俄商所运之茶成本贵而得利微。深恐日后，俄商运举更多，而山西商人必致歇业。"①

同治末年（公元1874年），在这种恶劣的内外环境中，晋商输入俄国的茶叶降到6万担（600万斤），到光绪四年（公元1878年），晋商由湖北、湖南等处运销于俄国的茶叶又降至5.5万担，其中80%的是红茶和砖茶，而同年俄商直接从中国武汉等

① 王先谦：《议复华商运茶赴俄、华船运货出洋片》，《刘坤一遗集》，奏疏稿，卷一。

处贩去的茶叶则猛增到 27.5 万担[1]，是晋商在蒙古组织出口的 5 倍之多。

（三）晋商被迫变为买办阶级[2]

买办，在清初专指为居住在广东的外商服务的中国公行的采购人或管事，后来逐步发展为特指在中国外商企业所雇佣的居间人或代理人。鸦片战争后，公行制度废业，外商仍选择当地中国商人代理买卖，故“买办”一词得以沿用。嗣后，外商为了减少买办的中间佣金，逐渐采取与中国人直接交易的方法，买办遂转化为单纯的外商雇员，称“华经理”。买办阶层推动了中国的洋务运动，催生了中国的民族资本主义。

买办属于近代中国一个特殊的经纪人阶层，具有双重身份，表面工作主要是充当洋行的雇员，但同时他又可以以独立商人的身份经营自己的产业。作为洋行雇员身份的买办，得到外国势力的庇护，可以不受中国法律的约束，又可以代洋行在内地买卖货物或出面租赁房屋、购置地产等。因享有一定的特权和便利在清末有相当一部分晋商变身买办。

据日本人水野辛吉著《汉口》一书记载：清末时期，中国商人在汉口经营的茶叶分为两种：一种是与外国商人直接交易的，称之为“洋庄”；一种是直接进入蒙古等地进行交易的，称之为“口庄”。随着经营俄国茶叶市场份额的减少，许多晋商把主要精力放在经营中国北方方面，故蒙古方面的茶业，多为住汉口之山西茶商所营。

---

① 渠绍森等：《山西外贸志》上册，山西地方志编委会，1984 年内刊，第 84 页。

② 严明清、贾海燕、路彩霞：《洞茶与中俄茶叶之路》，湖北人民出版社，2014 年，第 183 页。

而活跃于汉口的山西茶商，以兼洋庄与口庄者居多，清末有德巨生、三德玉、谦益盛、棉丰泰、德生瑞、天顺长、阮生利、兴泰隆、大昌玉、天表和、宝表隆、长盛川十二家。单独经营口庄的，有巨贞和、大泉玉、大升玉、独慎玉、祥发永五家。“上十六家每年与蒙古各地交易之茶，总额为八万箱，价额百万两内外。又每年输出张家口者，约四五万箱”①。以上看出，晋商大多数已成为买办，与俄商趋于合流，但仍全部是经营到俄国和蒙古的茶叶贸易。少数没有与洋商合作的仍单独经营，主要经营蒙古茶叶，其势力与“万里茶道”兴盛时期也不可同日而语。

① ［日］水野辛吉：《汉口》，1906 年，第 363—364 页。

第七章
媒介纽带——万里茶道的历史价值

一般而言，商贸通道都有着非凡的历史价值，也是历史造就的非凡的文明交往通道。它既是文明的发源地，也促进了文明的进一步发展。如西亚的幼发拉底河和底格里斯河曾孕育了灿烂辉煌的古巴比伦文明，同时促进了以两河流域为核心的西亚经贸的发展，推动了整个地区文明的演进；古希腊城邦的起源与此后罗马帝国的崛起，开创了以地中海为中心，横跨欧亚非三大洲的大帝国，给东西方各大洲交互的全球史埋下了发端的种子。“丝绸之路”开通以后，“万里茶道”的由来与发展是中华帝国实力外向输出与西方列强崛起时向内吸引之合力的作用，既是互通有无的商贸大道，也促进文化交流与文明互鉴，是 17 世纪至 20 世纪前期横跨亚欧大陆长达 13000 多公里的国际商道，是继“丝绸之路”之后的又一条重要国际大通道，是中国南方茶源地与中国北方地区、俄罗斯以及欧洲，以茶叶为媒介进行政治、经济、文化交往与联系的通道。

一、万里茶道加强了欧亚的经贸交往

互通有无是人类交往的最初动机，物产的交换是促使“万里茶道”联结贯通的基本动力。中俄万里茶道的开辟时间虽然比丝绸之路晚了一千多年，但是其经济意义以及巨大的商品负载量是丝绸之路所无法相提并论的。全盛时期的茶叶贸易占大清帝国对俄出口的94%。占全国进出口总额的15%—20%，占到俄罗斯对外贸易的50%以上。从地理区位因素看，“万里茶道”之所以具有深刻的经贸意义，根本原因在于其推动了边销茶源地由川、陕茶区向长江中下游茶区转移，借助了原产地向外输出的蓬勃动力，对于构建双边、多边茶叶贸易关系，形成全球性贸易网络，促进少数民族地区的贸易发展起到了重要的推动作用。

（一）构建初级的全球化“产运销”路网

从一定意义上讲，“万里茶道”的兴起、外销茶源地的出现，是当时经济全球化进程的重要环节。17世纪晚期到18世纪，欧洲的商业力量从南方的海路和北方的陆路进入远东地区，寻找大宗贸易商品。茶叶被引进欧洲后，几十年内成为流行的日常消费品，在英国和俄国则是生活必需品。因此，茶叶贸易迅速成为中欧贸易增长极为重要的推动力，也成为初级全球化“产运销”路网的重要组成部分。欧洲市场流行中国国内消费很少的红茶，北方边贸和外贸所需的砖茶也是内地不消费的品种，因此，一批以外销和边销为主的茶源地兴起，改变了国内茶叶生产格局，也使得中国茶产业与国际市场紧密联系在一起。从此，中国茶叶的兴与衰成为经济全球化进程的一部分。“万里茶道”的通与阻在全球化“产运销”路网中的影响逐渐扩大。对于“万里茶道”构建初级的全球化经贸网络，可以从以下几个方面理解：

第一，“万里茶道”联通了广阔的空间，在地理层面上具备了初步的全球性。从地域范围看，“万里茶道”由武夷山、雪峰山、武陵山、幕阜山等山地茶区出发，沿途经过福建、江西、湖南、湖北、河南、河北、山西、内蒙古等8省区，然后进入今天的蒙古、俄罗斯和欧洲，从南到北，又从东到西延绵130000多公里，涉及人口众多，地域覆盖面广。从地理环境看，“万里茶道”连通南方山地、长江中下游平原、华北平原、黄土高原、蒙古高原、西伯利亚平原、东欧平原等多个地理单元。从经济类型看，连接了南方山地复合经济文化区、南方稻作经济文化区、北方旱作经济文化区、畜牧经济文化区和西方工业经济文化区等多种经济文化类型。[①] 在世界各地已有的文化线路遗产中，“万里茶路”覆盖地域之广阔，绵延的线路之漫长，穿越的地形地貌和气候类型之复杂，可谓绝无仅有，构建了一种典型的以欧亚大陆为中心的初级全球化贸易路网形态。

第二，“万里茶道”采取了多种运输方式，在交通层面形成了具有层级意义的全球性贸易形态。“万里茶道”兴起之时，因生产源头、经贸市场、通商人员众多等特性，已经形成了具有经济贸易分工性质的以集散地为中心的初级市场、以汉口等地为中心的中级市场和以主线节点城市为中心的运输线路。根据各地的地理环境、道路情况和运输习惯采用不同的运输工具，分为人力运输、骡马驮运、牛马车运输、独轮车运输、驼队运输、汽车运输、火车运输、海上运输，体现出了全球化长途运输与点对点短途运输的综合性。特别是，“万里茶道”的线路由天然线路与人工开拓道路相结合，多层次多阶段水路转运的混合运输和水陆并

① 黄柏权，平英志：《以茶为媒：“万里茶道”的形成、特征与价值》，《湖北大学学报（哲社科学版）》，2020年第6期，第73—75页。

进运输相结合，线路走向与分布深受交通工具和国内外社会局势变化的影响。在漫长的“万里茶道”上，各路段功能有别，分工明确，共同构成完整的产运销网络①。

第三，“万里茶道”顺应了世界经济交往大联通大发展的态势，在时代层面站在了全球贸易发端的潮头。地理大发现之后，以地中海体系、印度洋体系为中心的传统贸易格局被打破，欧洲人建立了大西洋体系，开辟了东西方海上航线，逐渐将世界连成一体。17 世纪，茶叶开始取代丝绸成为中国最重要的出口商品，流入的白银对中国明清两代经济和人口的迅速扩张起了助推作用。在欧洲，亚洲的茶叶与非洲的咖啡、美洲的巧克力一起成为中产阶级的“兴奋剂”，酝酿着工业时代来临前的变革。反观中国，“万里茶道”延续两个半世纪，跨越中国封建社会末期到近代化的历史转折，在时间上与中国融入世界体系同步。17 世纪初，欧洲商业力量进入远东地区。1610 年，荷兰最先将华茶传入欧洲，随后英国也开始与东方贸易，并主导华茶贸易近 200 年。茶叶对外贸易发展的结果之一是封闭的茶区不自觉地融入世界贸易体系，影响着中国内部甚至世界范围内的供需平衡，清末，我国茶叶“栽培面积有 600-700 万亩，创我国历史最高纪录”②，很大原因是国际市场的需求旺盛。“万里茶道”拉动了中国茶叶的快速发展，中国茶叶种植和生产成为世界茶叶市场的一部分，与茶叶相关的各行各业均与世界市场建立密切联系，加速了全球化的进程。

（二）促进了中俄经济的紧密联系

从历史上看，中国与北方地区的贸易主要依托于北方草原丝

① 黄柏权，平英志：《以茶为媒：“万里茶道”的形成、特征与价值》，《湖北大学学报（哲学社会科学版）》，2020 年第 6 期，第 74—75 页。

② 陈椽：《茶业通史》，中国农业出版社，1970 年 1 月，第 54 页。

绸之路，主要商品和贸易存在于中国周边地区，中俄经济在“万里茶道”之前还未有深刻的联系。“万里茶道”是继丝绸之路衰落之后的又一条重要的国际商道，更是由于俄国东向扩张后对中国经贸需求的增长，而“万里茶道”如同一个纽带，牢牢将中俄两国连接在一起。

“万里茶道”的开辟与长期存在，源于俄国和蒙古地区社会对茶叶的高度依赖与巨大消费需求。① 早期中俄贸易中，俄国向中国输入的商品以毛皮、布料、皮革、金属、牲口等为主，中国向俄国输出的商品以丝绸、棉纺织品等为主。1618 年，明神宗派遣使臣携带数箱茶叶从西北陆路出使俄国②。1689 年，中俄《尼布楚条约》的签订，清政府开始参与国际事务，在传统朝贡体系之外确立了新的处理对外关系的范例，后又签订《恰克图条约》《恰克图市约》等系列条约规范中俄边境贸易，中俄茶叶贸易持续发展，至 19 世纪，“恰克图的茶叶贸易迅速超过棉布和丝绸，牢固地占据了第一位，茶叶成为了任何商品无法比拟的硬头货。”③

当一种物资成为普通人的生活必需品后，它必将催生一个庞大的产业生态链和繁荣的贸易网络。以茶叶为载体，在中俄两国政府和商人的推动下，一条起于南中国产茶区，经陆路穿越蒙古高原最终到达俄国的茶叶贸易线——中俄万里茶路逐渐形成。得益于当时稳定的政治环境，恰克图没有超经济的压力，双方自由贸易，清政府的理藩院与俄国的伊尔库茨克总管各自用行政手段管理双方商人，保证贸易有序进行，将恰克图贸易推向了一个又一个新台阶。1755 年恰克图贸易额达 837065 卢布，1800 年增加

① 倪玉平，崔思明：《万里茶道：清代中俄茶叶贸易与北方草原丝绸之路研究》，《北京师范大学学报（社会科学版）》，2021 年第 4 期，第 135 页。

② 陈椽：《茶业通史》，中国农业出版社，1970 年 1 月，第 483 页。

③ 郭蕴深：《中俄茶叶贸易史》，黑龙江教育出版社，1995 年 10 月，第 46 页。

到 8383846 卢布，茶叶贸易也水涨船高，从 18 世纪 60 年代的 3 万普特[1]，升至 1800 年的 69580 普特。19 世纪上半叶，是恰克图茶叶贸易最辉煌的时期，1820 年中国茶叶出口俄国超过 10 万普特，1848 年中国向俄国出口 369995 普特茶叶，价值超过 1000 万卢布，达到了历史最高峰。“万里茶道”上的茶叶贸易虽然随着清王朝的衰落而逐渐萧条，但中俄贸易却没有中断联系，反而在俄国向外扩张侵略的背景下取得了更大的发展。无论原因与结果如何，中俄经贸关系的跨越始于“万里茶道”上的茶叶贸易，正是这条商路将两个国家紧紧联系在一起。

（三）万里茶道促进了少数民族地区的商业发展

历史上的商路不仅沟通了地区之间的贸易联系，还对沿线经济起到带动作用，特别是对于商路途经的人迹罕至、原始落后的地区，更是起到了脱胎换骨的作用，给少数民族地区的发展注入了蓬勃的力量。“万里茶道”从富庶的中国南方农耕区，到北方农耕区，再到草原畜牧区，从商业径流上看是一次中国商业资源的“南水北调”工程，有力促进了北方游牧民族地区的商业发展。主要体现在以下几个方面：

第一，“万里茶道”促进了少数民族地区沿途经济的繁荣，给经济的进一步发展打下了商业基础。“万里茶道”既是一条地理上的通道，也孕育了众多以商号、产业为主的商贸承载物，这些都成为少数民族地区发展的重要保障。其中，“大盛魁”是清康熙后兴起的、经营茶叶生意的家族，它除了经销湖南的红茶与黑砖茶外，还经销湖北羊楼洞的青砖茶（主要由“三玉川”“巨盛川”生产），这两家的产品深受蒙古用户的信赖，因此得到“大盛魁”的大力支持。与此同时，从中国南方输入的茶叶、棉

① 俄国重量单位，1 普特≈16.38 千克。

布、瓷器、药材、丝绸等，有相当大的一部分在这里销售，运输、旅店、建筑、食品、缝纫等行业也均有了长足发展，为少数民族地区沿途经济的进一步繁荣打下了良好的基础。

第二，“万里茶道”改善了北方少数民族地区的经济结构，商业的引入对于盘活畜牧业资源起到了重要作用。长期以来，草原上的游牧民族以放牧为主要的生产生活方式，少量的贸易需求主要是用以物换物解决，第一产业占据经济结构的核心位置，形成了自给自足的经济体系，但畜牧业经济资源的生产资料和贸易资源属性并不明显，甚至没能发挥出应有的作用。“万里茶道”的开通，给草原经济注入了新的要素，蒙古族畜牧的经济属性逐步提高。在“万里茶道”开通初期，贸易主要通过居住在中俄边境地区的蒙古人完成交易，中俄两国商队货物运输和膳宿供应等亦由蒙古人解决，直接促进了蒙古商业、手工业、驼运业的兴盛，刺激了经济发展。不少蒙古牧民不仅放牧自己的牲畜，还揽收驼庄的骆驼以获取可观的收入，从本质上已经参与了商业运作，成为商业活动中的重要一环。

第三，“万里茶道”催生了大批蒙古商人，给该地区商业的进一步发展积累了人才与经验。“万里茶道”的开辟，有力地推动了蒙古地区的发展，使这片土地在经济、文化和交通等方面焕发出新的能量。特别是在“万里茶道”上的商业大交往中，很多蒙古人也学会了做生意，在与中原地区的贸易往来中迅速成长。当时的漠西卫拉特蒙古商队也扮演了“二传手”的角色，他们每年用羊、马、骆驼等牲畜向旅蒙商人换取茶叶、丝绸和瓷器等，然后再将这些交易来的商品运到西伯利亚等地去销售，从中获取了商业利润。[①] 在茶叶之路上的恰克图，由于统治者对自由市场

① 邓志文：《“茶叶之路”对蒙古地区经济文化发展的影响》，《中央民族大学学报（哲学社会科学版）》，2019 年第 6 期，第 115 页。

附近的居民实行免税和免兵役，从而吸引了大批漠北蒙古人和蒙古逃亡者来此，投身于蒙古地区的市场经济。这些蒙古商人维持着城市系统的运转，他们分布在各行各业，从修鞋到种菜再到制造包裹茶叶的皮革等①。这些都为进一步发展少数民族地区的经济积攒了宝贵的人才与经验。

二、万里茶道沿线城市和集镇的勃兴

“万里茶道”形成、发展和繁荣近300年的时间里，对沿线做出最大的贡献是孕育催生了一大批市集和城镇，它们因商贸的繁荣而兴起，虽然繁华一时的商贸大道已成过眼云烟，但其留下的古茶园及古村落等茶源地遗产，水陆道路、驿站、路亭、关口、码头、桥梁等交通类遗产，厂房、器械、工具等加工类遗产，历史街区、茶亭、茶庄、茶行、茶栈、仓储等商贸类遗产，客栈、会馆、骡马店、票号、银行、镖局等服务类遗产，祠堂、寺庙、教堂等祭祀类遗产却仍然屹立在沿线的大地上，有些城镇和商贸重镇时至今日还有力支撑着中国经济的发展。

（一）“万里茶道”深刻影响了沿线城镇文化

通常而言，商路的通行和长期发展需要城镇的支撑，同时对人员往来和货物集散的需要也会催生出新的城镇，将商路沿途农耕或游牧民族地区变为具有商业化特征的城镇地区。“万里茶道”同样促使沿线的蒙古城镇文化成形和成熟，如当前内蒙古的包头，蒙古国的乌里雅苏台和科布多等地都是具有茶路文化背景的城镇。总体而言，茶叶之路对沿途地区，特别是蒙古的城镇文化

① ［美］艾梅霞著，范蓓蕾、郭玮等译：《茶叶之路》，五洲传播出版社，2007年，第145页。

产生了如下影响：

第一，促进了城镇文化的形成，并孕育了以商贸互通为核心的城镇发展模式。以召河为例：作为茶叶之路上的商业中心，归化城每年的牛、马、羊等牲畜的吞吐量多达几十万头。召河被选为特定的寄存点和放牧场，从而成为归化城的后院。外地茶商到归化城洽谈生意成交后，便去召河牧场看货。由于常年储放大量的牲畜，接待南来北往的商人，召河的各种配套设施建设迅猛发展。可可以力更镇等城镇的出现和发展也是如此，茶路的繁荣使这里的人口剧增，成为先有商业后有居民的新型集镇。在茶路的影响下，这些商业城镇的发展模式基本是由原来的草原——一个纯粹放牧的地方，由于茶叶之路的经过，商业、服务业的繁荣，导致人口激增。随后，一个个人口聚居点在茶路沿线的两侧不断涌现。这些人口聚居点聚集了各行各业的人，而非那些只有农民的村庄。

第二，产生了以茶叶贸易有关名字命名的城镇，普遍具有商号代名的属性。古代人们通常以地区的自然风貌、族群姓氏、历史事件等命名，具有特殊意义或重要事务将对城镇名称起到很大影响。“万里茶道”对沿途的影响之深之广，不仅体现在经贸往来的经济层面，还融入进了地理名称的历史文化层面，时至今日，很多内蒙古城镇还保留着茶叶之路的历史痕迹，其名字就是最有说服力的证明。茶叶之路沿线城镇和村庄的名字，如康油房、西成丰、隆盛庄、大兴长、广义泰、三义元、福如东、四合义、大盛合和西火房等，是以最早在这里开设的商号名称命名的。一个城镇绝非只有一家商号，但是其名字大多来源于开业最早、规模最大的商号，如三义元自然村的名字就来源于三义元这家商号。后来，又有开设制酒厂、油房、米面加工厂、制毡厂等的万兴盛、三义成、元生厚等好几家商号的加入。

培育了沿途的特色商业形态，使“万里茶道”的沿线城镇具有了专业化的经济产业分工。“万里茶道”的主要经贸功能与需求在于，商贸货物的运输与金钱的存储。因此产生了大量的以大牲畜饲养为核心的陆路运输业，以及以票号、当铺等为主的原始金融行业。其中，驼运业对沿途城镇的影响尤为明显。由于驼运业的兴起，茶叶之路沿线的蒙古地区出现了许多饲养骆驼的“驼村”或“驼城”。随着骆驼数量的剧增，各养驼户需要不断扩大院子以便容纳更多的骆驼。扩大院子是驼村和驼城人引以为荣的事。动工之日，主人会杀猪宰羊，像办喜事一样去庆祝和操持。这已经成为很多地方约定俗成的规矩和传统，并构成蒙古村镇地方文化的一大特色。

（二）“万里茶道”有力发展了商业中心城市

历史上的商路均须有发源地和中心点，如地中海的威尼斯、土耳其的伊斯坦布尔、中国的泉州等地。在“万里茶道”的发展过程中，汉口从一个古代商贸通衢的重镇发展为了重要的商业中心城市，成就了“楚中第一繁盛处”和“东方芝加哥”的辉煌基业。

事实上，汉口自明成化年间以来，便因其便利的水运交通条件和优越的地理位置成为全国商业重镇，并借助淮盐、米粮以及茶叶贸易，从“一沙洲”跃升为明末清初的“四镇之首”。茶叶从晚明以来直至20世纪初一直是汉口在国际贸易中的最大宗商品，成为支撑汉口经济发展的支柱，汉口成为近代商埠重镇，得益于“万里茶道”对其型塑过程。

汉口是万里茶道最重要的茶叶集散和交割地，尽管万里茶道茶源地历经早期福建崇安，咸丰后湖南安化，同治后湖北羊楼洞二变，然而汉口茶叶贸易集散最大最重要的港口地位岿然不动。[①]“汉口因茶兴，茶到汉口活”正是这一地位及作用的具体写照。“万里茶道”为汉口的发展起到了举足轻重的作用，万里茶道是“具有普遍文化价值的文化遗产”[②] 在汉口现代化城市形成过程中留下了诸多相关遗址遗迹。万里茶道从工业、商业、金融业、城市现代化等各个方面促进了汉口的繁荣与文明的进步。

第一，万里茶道推进了汉口工业化的进程。中国近代制茶业始于俄国商人在汉口建立砖茶厂，使用蒸汽机压制茶饼，因当时的世界尚未以此工业技术制茶，故汉口被誉为“近代世界制茶工业诞生地”，同时，汉口亦即后来的武汉近代工业亦肇端于此。换言之，“俄国茶商奠定了武汉市的机器时代”[③]。张之洞 1889 年督鄂后，吸收外商经营管理经验，建立了武汉初步的工业体系。“建设了亚洲规模最早最大的汉阳铁厂，中国规模最大设备最先进的汉阳兵工厂，以及机械、纺织、造纸等大型官办工厂 17 家”，“这些重工业的诞生标志着中国近代工业的实质性突破”。工业设备和工程师多“由万里茶道的陆路或海路返程运输工具承运”[④]。受俄商砖茶厂的引领作用，买办首先办起近代民族资本茶厂，如 1907 年买办唐瑞芝与人合股在硚口开办武汉近代最早规模最大的民族资本茶厂兴商茶砖厂，该厂是唯一有实力与阜昌、顺丰、新泰等俄商茶厂巨头竞争的大茶厂。茶叶贸易的兴盛不仅刺激了买办前来投资茶厂，且与茶叶相关的打包业、运茶船生产

---

① 阎志：《万里茶道对汉口的影响及其建筑遗存》，《江汉考古》，2018 年第 2 期，第 123 页。

② 唐明智：《万里茶道的文化普遍价值》，武汉市国家历史文化名城保护委员会编：《中俄万里茶道与汉口》（中、俄、英文版），武汉出版社，2014 年，第 176—178 页。

③ 蒋太旭：《“世纪命脉”》，《长江周刊》，2014 年 8 月 18 日，第 5 页。

④ 武汉市国家历史文化名城保护委员会编：《中俄万里茶道与汉口》（中、俄、英文版），武汉出版社，2014 年，第 176—178 页。

修理相关的板材业都出现了大发展。[①] 在“万里茶道”的引领推动和大动脉的运输作用下，武汉成为与上海、天津并列的中国近代三大工业基地之一。[②]

第二，万里茶道推动汉口现代金融业的萌芽与勃兴。茶叶贸易需要大量流动资金，这带动了金融业发展。在洋商未进入万里茶道之前，晋商“货销天下，汇通天下”，在茶道重要节点设置票号和钱庄，便利了货物交易。利用票号与钱庄发行汇票，实现存款、汇兑、转账等功能，存款人没有利息收入，以提供的服务作为抵偿条件[③]。随着外国邮政以及银行的进入，万里茶道的晋商票号和钱庄开始走向衰颓，这却无意中推动了汉口商品与资本的融合和走向全球化的进程。1863 年后，英法美德意日比等国银行在汉口设有分行，茶叶贸易是其中的重要存贷项目。“1863 年最早在汉口开办的麦加利支行最初即为方便外商收购茶叶汇兑资金所设。”在万里茶道中更具有代表性的是华俄道胜银行，“1896 年，华俄道胜银行汉口分行设立，成为俄国茶商的主要存贷银行。华俄银行是中国清朝政府成立的唯一一家合资银行，中国占 50%股份，俄国、法国占 50%股份，总部设在圣彼得堡。”[④] 银行的设立实现了汇率的实时行情信息共享，让外国银行有机会在汇率的时间差中取得茶叶贸易的主动权。银行的进入，将中国金融系统纳入了国际金融体系，万里茶道的外国银行第二次运转汉口金融业，给本土金融机构和金融制度的建设做出了示范，为后来

---

① 刘晓航：《大汉口：东方茶叶港》，武汉大学出版社，2015 年，第 66 页。

② 阎志：《万里茶道对汉口的影响及其建筑遗存》，《江汉考古》，2018 年第 2 期，第 124 页。

③ 刘晓航：《大汉口：东方茶叶港》，武汉大学出版社，2015 年，第 69—70 页。

④ 武汉国家历史文化名城保护委员会编：《中俄万里茶道与汉口》（中、俄、英文版），武汉出版社，2014 年，第 1048 页。

本土银行和金融系统建构提供了直接经验和实践机遇。[①]

第三，万里茶道塑型汉口的城市现代化。以服务茶叶贸易为主的、由国际贸易发展而来的租界，引入了欧美近代城市规划、市政建设、建筑风格、发电供水以及医疗防疫、体育娱乐等先进的文明成果。租界产业生活格局清晰的街区布局、清洁卫生、排水、教育医疗等先进的城市管理模式、新潮的建筑风貌，比之当时华界的参差混乱有天壤之别，成为华界人士效法和超越的样本，成为当时中国学习西方先进的最佳窗口，汉口城市建设近代转型的模范。民族资本家在汉口建设了大批具有现代规划的街区，设置有初步的市政管理部门的华界，全部采用近现代建筑新材料和施工工艺，经过历史的积淀成为经典建筑。有学者总结说，正是西方城市文明的植入，“强势带动了汉口城市范围的扩张和现代化建设的完善，不仅具备独特的建筑空间，还建设了高密度的道路网体系，陆地铁路、长江航运接驳的对外交通体系，投入使用了以汉口水塔、英商电灯公司、汉口电报局等为代表的水、电、邮政、堤防等系列基础设施；汇聚海关、银行、洋行、工厂等国际国内商贸金融巨头，引领全市工商业的发展；生活设施形成了集医院、学校、报馆、影剧院、体育场等完整的现代生活配套。”[②]

（三）“万里茶道”大量孕育了重要的经贸节点

万里茶道的茶叶贸易，带动了沿线一批城市的发展与繁荣，除汉口等商业中心城市外，还包括承担中转供给功能的枢纽城

---

① 阎志：《万里茶道对汉口的影响及其建筑遗存》，《江汉考古》，2018 年第 2 期，第 125 页。

② 于一丁，董菲：《万里茶道在汉遗存的价值重现》，刘英姿、唐惠虎、［俄］陶米恒主编：《万里茶道申遗》（中、俄、英文版），武汉出版社，2015 年，第 302—304 页。

市，承接境内境外贸易的商贸口岸城市等，它们因“万里茶道”而兴，也共同支撑着“万里茶道”的经贸运转。

因“张库大道”而兴的河北张家口市，是其中的典型例子。张家口西北东三面环山，一条河流贯穿南北。周围的山势南宽北窄，到北部有一山口“大境门”，出了山口，就是通往蒙古高原的狭长孔道，一直通向库伦（今蒙古乌兰巴托），被称为“张库大道”。“张库大道”是当年茶叶贸易重要的运销线路，兴于1860年前后。经张家口到塞外的这一条商业之路，也就是人们俗称的“走东口”。《茶叶之路》一书作者邓九刚说，张库大道的繁盛，与汉口开埠密不可分。1861年，清政府与中、法、俄签订《北京条约》，汉口成为新辟的通商口岸。1862年，俄国与清政府签订《中俄陆路通商章程》，使俄商们取得直接从中国南方茶区采购加工茶叶的权利；且俄商在中国边界百里内免税。“张家口成为俄商触角伸往中国内地的必经之地，”当时章程还规定，运往天津通州的俄国商货，经张家口时可留十分之二在当地销售，“这也带动了张家口当年的繁华”。1727年，《中俄恰克图条约》签订后，从汉口到俄罗斯恰克图的“茶叶之路”要经过张家口，张家口成为中俄贸易的重要陆路口岸。当时清政府海关收入的两个主要来源，其中之一就是张家口的关税。1909年，京张铁路、张库大道的开通，使张家口的中俄贸易达到顶峰。张家口成为驰名中外的“陆路商埠”，并被冠以“旱码头”的称号。

呼和浩特被称为“驼城”，是“万里茶道”上另一个重要的商贸中转城市，具有辐射蒙古高原和大西北的商贸功能。张库大道兴盛起来之前，茶商去恰克图需要绕经呼和浩特。从汉口运来的茶，一部分去俄国恰克图，一部分转向青海、新疆。雍正初年，晋商大号大盛魁将总部从外蒙古科布多迁到呼和浩特，呼和浩特拥有了庞大的物流，高峰时有20万峰骆驼参与运输，其中最大宗的商品是茶叶。四通八达的驼道是归化城的一大风景，因此归化城又有“驼城”的美誉。至今，呼和浩特在蒙古、中亚的中心辐射功能仍在发挥。不少外蒙古人甚至西伯利人，会专程到呼和浩特找蒙古医生看病，去大召寺、小召寺参加宗教仪式。[①]

二连浩特是一个由驿站发展而来的边贸新城。万里茶道兴盛之时，二连浩特没有城，仅是一个叫伊林驿站的小驿站，在茫茫草原上有着一道栅栏、几排房子和几个驿工，伊林驿站是“万里茶道”上的著名道路张库大道上的一站，初设于清嘉庆25年（公元1820年），伊林在蒙语中的意思，是“纪元、初始”。伊林驿站位于二连盐池西北坡，在张家口至库伦（今蒙古国乌兰巴托）的中点位置，向北向南均距离700里，而且，过伊林向北，很快就进入戈壁和沙漠地带，牲口补给极为困难。商队为使骆驼等牲畜饱食一顿，都要在伊林休整几日。1956年，北京—乌兰巴托—莫斯科国际联运列车开通，致使二连浩特建立。1966年，国务院批准设立二连浩特市。1985年，二连浩特升格为准地级市。1992年，二连浩特被国务院列为13个沿边开放城市之一，成为我国对蒙古国开放的最大口岸城市，也是运输距离最短的欧亚大陆桥交通枢纽，进一步延续了“万里茶道”兴起后的经贸节点区位与功能，成为沟通中蒙俄往来的重要节点。

三、万里茶道影响了国际关系体系

历史上任何一条商业大动脉的建立都不可避免地因政治的推动或产生政治影响。从“万里茶道”的时代背景看，正值西方国家崛起之时，也正是古代中国由盛转衰的重要历史节点，此时贸

① 万建辉：《万里茶道的中国北方节点》，《武汉文史资料》，2016年第12期，第51页。

易大动脉不仅具有经济上互通有无的性质，更重要的是方便了西方国家沿“万里茶道”向东北亚地区扩张，给俄国进一步深入我国内陆地区创造了条件。事实上，16 世纪后半叶，俄国向亚洲的殖民扩张可视为 15 和 16 世纪地理大发现之延续所造成的地理和国际格局变化，包括俄国对西伯利亚地区的征服，以及与中国的接壤。其中，这一系列历史进程对东北亚原有的以中国为核心的“朝贡体系”带来了巨大的冲击甚至解构，对于重塑东北亚地缘政治体系具有极大影响。

19 世纪末至 20 世纪初中国的茶叶贸易遍及亚洲、欧洲，自 19 世纪以来茶叶贸易一直都是中国影响地缘政治的最重要因素之一。从汉口和直隶省通往恰克图的茶叶商道使得库伦市（今蒙古国乌兰巴托）成为了整个外蒙古的经济和政治中心。由于不同的社会群体依赖于茶叶和茶叶贸易，决定了俄国在不同的历史时期采取了或与中国结盟，或对中国进行领土扩张的对外政策，尽管当时也有一些意见认为，俄国与日本结盟会更有利，但由于茶叶贸易的发展使得中俄两国愈走愈近，乃至在 1896 年两国签署了《中俄共同御敌条约》（又称“中俄密约”）。辛亥革命爆发后，中国中部地区与边境地区的直接贸易联系减弱，俄商开始通过俄国境内向蒙古供应茶叶，这进一步加强了俄国与蒙古地区在经济和政治上的联系。1917 年夏，俄国情报员的汇报证实了茶叶贸易的地缘政治意义：华商开始订制日本国生产的茶叶，在俄罗斯的图瓦进行销售，而俄商对此却毫不知情①。

辛亥革命，特别是武昌起义表明，俄国茶叶贸易在中国历史上起着重要作用。这场革命实际上是在俄租界开始的，宝善里 14 号的湖北共进会机关内发生的爆炸引发了这场革命。1911 年，俄国驻汉口总领事奥斯特罗韦尔霍夫率先表明承认革命者拥有合法

① 伊尔库茨克州国家档案馆，资料库 25，目录 11，卷宗 145，第 7 页。

权利的立场，对中国辛亥革命取得胜利具有重要意义。1911 年黎元洪在武汉，孙中山在南京执政期间，年轻的俄国外交官沃兹涅先斯基被任命为俄方驻新政权的代表，这位俄方代表一直力促俄国和其他国家不要干涉中国的革命，后来他成了苏联的第一批外交官及列宁的战友。另一方面，辛亥革命后，由于外蒙古的原因，中俄两国的对立情绪也直接影响了俄茶商在中国的经营活动。日俄战争期间，俄国茶叶进口量下降了一半多。

总之，1861 年至 1917 年间，茶叶贸易是整个中俄关系体系的重要组成部分。茶叶贸易的问题是两国关系发展的重要因素。归根结底，茶叶贸易对中俄关系的影响具有整体性、全局性的特点，其结果是中俄两国即使存在深层次的冲突，也建立了较为稳定的伙伴关系，甚至结盟的关系。可以说，1861—1917 年是对中俄两国都具有特殊意义的特殊历史时期。1861 年俄国沙皇亚历山大二世开启了以废除农奴制为目标的变革；中国的清王朝对外经历了第二次鸦片战争的失败，对内经历了太平天国运动的影响，也正式开启轰轰烈烈的洋务运动。中俄茶叶贸易与中俄边界贸易的发展，一方面使中俄关系不断走向密切；另一方面由茶叶贸易引起的中俄经贸关系长时间的失衡对中俄关系的发展也造成了消极影响。沙俄帝国为了弥补与中国贸易的巨大赤字，虽然不能像 19 世纪前期的英国那样，为了弥补贸易赤字向中国倾销鸦片，但俄国政府秉持其一贯的扩张本性，更是意图吞并中国领土，向中国东北、西北包括蒙古在内的区域进行渗透与扩张，这对当时的地缘政治与地缘经济局势产生了非常消极的作用，也引起了中国人民的拒俄与排俄情绪，反过来，这些消极影响又影响了茶叶贸易的扩大与发展，阻碍了中俄两国经济文化交流走向更密切、更深入的层次。更由于当时中俄两国统治者的愚昧与自私，以及双方对世界历史潮流的逆动，最后导致了中俄两国在 20 世纪初的革命浪潮中覆灭。[1]

四、万里茶道促进了多元文化融合

正如丝绸之路促进了东西方文明交往一样，“万里茶道”也给沿途文化交流提供了平台。在蔓延万余公里、通商历经数百年的“万里茶道”上，农耕民族、游牧民族与工业文明等不同文化之间深入交往，谱写出一曲曲文明互鉴的交响曲。

（一）“万里茶道”促进了中华民族的大融合

著名社会学家费孝通研究认为，作为一个自觉的民族实体的中华民族，是近百年来中国和西方列强对抗中出现的，但作为一个自在的民族实体则是经过几千年的历史过程所形成的。它的主流是由许许多多分散孤立存在的民族单位，经过接触、混杂、联结和融合，时时也有分裂和消亡，形成你来我去、我来你去、我中有你、你中有我而又各具个性的多元统一体。[2] 从民族融合的角度看，“万里茶道”利用茶叶及其他商贸产品为媒介，成为了原先独立存在的民族之间走向融合的物质和文化纽带。

从民族交融的角度看，通婚是民族间最深层次的融合方式。在“万里茶道”上，来自山西等地的无数旅商来北方少数民族地区开设商铺、往来贸易，不仅秉持着尊重当地民族文化传统的观念，并且利用交易的机会换来草原民族日常所需的用品，给少数民族的生活提供了极多的便利，得到了蒙古族的喜爱。在清朝时期，许多晋商及其他旅商顶着朝廷不允许满汉通婚的政治压力，

---

① 刘再起，费·达旗升：《1861—1917 茶叶贸易背景下的中俄关系》，《广西职业技术学院学报》，2020 年第 3 期，第 7—9 页。

② 都永浩：《华夏—汉族、中华民族与中华人民》，《黑龙江民族丛刊》，2010 年第 1 期，第 10 页。

迎娶了蒙古族女子，客观上也促进了民族间的交融。

从文化娱乐的角度看，商业的兴盛必然会带动娱乐文化的发展。由于“万里茶道”上的旅商大多为晋商，因此晋剧、二人台、八节鼓，各种戏园子和戏班子如雨后春笋般出现。每逢祖师诞辰日或固定日期，各家商号和商业团体都要唱戏。归化人天天有戏可看。有时候，一天就有几个地方在同时唱戏，一个庙内也有几个戏班子同时唱对台子戏。另有一种非职业演员组成的二人台小戏班子，蒙古人将其称为“打围子”或“打坐场”。每逢阴历的六月二十四日，隆盛庄的骡马大会上的庙会演出独具特色，传统剧本《刘二姐逛会》《梁山伯与祝英台》《白蛇传》等轮番上演。庙宇前的戏台巍峨宽大，每年的赛会演戏从正月连续轮演五六个月，并沿袭成俗。这种活动除了娱乐外，还有祭神和招徕生意的目的。归化城还有其他一些娱乐文化，如“赶小会”。春夏秋三季的黄昏时刻，在介于城乡之间，有很多野台子戏，俗称“赶小会”，它主要是给无暇去乡下的妇女、职员们提供看戏和游玩的机会，因为参加方便，“赶小会”深为归化人喜爱，遂成为当地的风俗。另外还有一种娱乐叫“劫戏”，就是冲散正在演出的戏班子，用“武请”的方式将名角儿暂时抢过来为自己服务。[①]

从语言文化交流传播的角度看，出于生意上交流与沟通的需要，商人们会主动学习蒙古语和俄语，这种情况蔚然成风。能多讲一门外语意味着增加了一条“舌头”，亦即增强鏖战商场的本领。在归化流传着一句民谚：“一条舌头的商人吃穿刚够，两条舌头的商人挣钱有数，三条舌头的商人挣钱无数。”一条舌头代表只讲汉语，两条舌头指能讲汉语和蒙语两种语言，而能讲汉、蒙、俄三种语言的就是“三条舌头”的商人。该民谚的意思是，会汉语、蒙古语和俄语三种语言的商人才能赚到大钱，也最具经

① 邓九刚：《复活的茶叶之路》，甘肃文化出版社，2013年，第51页。

商本领。一些大商号还专门自己培养懂俄语和蒙古语的人才。很多商号的学徒年轻的时候会被送到特定的语言环境中，比如科尔沁草原、归化、库伦、恰克图商城等，去接受语言习得的训练。掌握蒙古语的人多了，自然增进了双方的相互了解，有利于增进互信和文化交流，加深了蒙汉友谊，促进了民族的融合。

（二）“万里茶道”传播了中国茶文化

茶文化是中国的文明密码，是对外文化交流的重要符号。在传播茶文化的进程中，最为关键的是“万里茶道”的开通和兴盛，真正使得“神奇的叶子”传遍了世界各地、掀起了茶叶风潮。

“万里茶道”将茶文化与少数民族的生活紧密结合在一起。对于南方山地茶农来说，茶叶是换取粮食和日常生活物资的特产。而对于我国北方游牧民族和欧洲人来说，茶叶则是不可缺少的生活物资，甚至许多地方都流传着“宁可三日无食，不可一日无茶”“一日无茶则病”的说法，可见茶叶对于北方以肉奶为主食、缺少蔬菜和水果的人群的重要性。茶叶是输往蒙古各部和俄国的大宗商品之一，其中又以砖茶享有的声誉为最高，因而向俄蒙等地输出量最大的茶种是砖茶，每年可达2.5万-3万箱。“万里茶道”进一步扩大了湖南安化和湖北羊楼洞压制的黑砖茶在草原的经贸销路，甚至成为了草原上可以充当货币使用的硬通货。茶叶尤其是砖茶在万里茶道上的贸易活动中也被赋予了货币的职能。据《蒙古志》所载：“蒙古人又往往用小片砖茶以代货币，羊一头约值砖茶十二片，或十五片，骆驼十倍之。行人入其境，辄购砖茶以济银两所不通。”

万里茶道这座桥梁，联通中国与中亚及俄罗斯等欧洲国家和地区，推动文化交流和文明互鉴。南方茶源地所产茶叶，通过汉、蒙古、回、满等各民族茶商、经营者的共同努力，最终运抵俄罗斯及荷兰、英国等欧洲国家。茶叶作为一种保健饮料，17 世纪传入荷兰，并迅速成为上流社会的时尚饮品。此后又从荷兰传入英国，斯图亚特王朝时期饮茶俨然成为英国宫廷生活的一部分。18 世纪饮茶风靡英国，进而演变为一种社交手段，并衍生出下午茶习俗。茶叶经蒙古传至俄国后，18 世纪末饮茶之风遍及社会各阶层，茶叶纳入居民生活必需品之列。俄国人在茶水中加入糖、柠檬、牛奶、乳皮、香草等辅料，形成了独特的俄罗斯茶道。瓦西里·帕尔申在《外贝加尔边区纪行》中形象地描述了 17、18 世纪，茶叶对俄罗斯远东地区居民生活的重要性。他指出："涅尔琴斯克的所有居民，不论贫富，年长或年幼，都嗜饮砖茶。茶是不可或缺的主要饮料，早晨就面包喝茶，当作早餐。不喝茶就不上工。午饭后必须有茶。每天喝茶可达五次之多，爱好喝茶的人能喝十至十五杯，不论你走到哪家去，必定用茶款待你。"[1] 在中国茶叶向西输出的同时，17 世纪中叶，茶叶伴随欧洲移民传播到美洲大陆。18 世纪北美出现牛乳和乳酪掺入茶叶饮用的习俗，美国则产生了特有的冰茶文化。中国的饮茶习俗和茶道、茶艺传播到世界各地后，逐渐融入当地生产生活习俗乃至文学艺术、礼仪制度之中，淋漓尽致地展现出浪漫的休闲情怀、精致的生活态度，大大提升了人们的生活品位。

（三）"万里茶道"传入了西方现代商业文化

从时代转折与文化交流的角度看，"万里茶道"最大的意义在于将正在兴起的工业文明顺势注入进中国内陆，对于西方现代商业文化的传入起到了推动作用。有学者指出，万里茶道具有东

① 中国商业史学会明清商业史专业委员会：《明清商业史研究》，第 1 辑，中国财政经济出版社，1998 年，第 125 页。

方农业文明西输和西方工业文明东输的普遍价值，是东西方文明互为转型的典范，这在世界上是极为独特和重要的。万里茶道向世界输出中国传统农业文明的同时，欧洲国家也借助万里茶道向中国输入现代工业文明，不仅是机器生产，还包括金融制度、城市规划、市政建设现代城市文明的诸多方面。20 世纪初，随着西伯利亚大铁路的建成通车，从汉口到圣彼得堡的万里茶道的交通方式从传统迈向现代。[①] 在“万里茶道”兴起之初，中国没有独立的资本主义大茶园和大茶厂，茶叶加工制造的承担者一头是以经营农业为主的小茶户，一头是以经营商业为主的茶栈茶行。有学者认为，以 1861 年“汉口开埠”为标志，大型茶庄及以机器生产为标志的现代茶厂在中国腹地的出现，洋行、银行的纷纷涌现，体现了商业资本的直接参与。万里茶道沿线的茶叶贸易也刺激了中国商人集团的发展和商业资本的膨胀，使市场竞争呈现出多元化态势。我们通过“万里茶道”可以看到，近代世界市场体系日趋成熟之时，中国在清朝时期就已经形成了极具规模、先进合理的资本主义模式商业集团，共动用数亿两白银，间接影响大半个中国的几十万人口。

① 蒋太旭：《从丝绸之路到万里茶道》，《决策与信息》，2015 年第 11 期，第 60 页。

第八章
世纪动脉——万里茶道新的时代内涵

与丝绸之路相同的是，“万里茶道”从没有消失淹没，而是在奔流的历史进程中隐藏起来，待欧亚大陆地缘经济重获生机、东方经济贸易重新崛起之际，其沟通万里的大通道功能将被重新启用，将沿线国家如珍珠般串联起来，形成一条条夺目耀眼的时代光带，支撑着欧亚大陆经济的新一轮复兴。与丝绸之路不同的是，“万里茶道”并非只是故纸里的一段历史，而是各个地区经济战略中紧密联结起来的磅礴的时代画卷，在“一带一路”倡议的持续推进下，新时代的交通动脉重新交纵于欧亚南北，经贸互联互通与文化交流互鉴在欧亚大陆上焕发出新的生机，这些正是“万里茶道”的时代内涵。

一、万里茶道搭建跨越欧亚大陆的世纪动脉

从中国南方茶源地出发，穿过茫茫草原和大漠，来到永久冻土的西伯利亚地区，再西进抵达繁荣的欧洲，“万里茶道”首先是地理意义上的连接线，沿着一条较优的线路串联起了欧亚大陆

的南北两端、东西两头。当前，中国前所未有地融入世界，世界前所未有地需要中国。早在22多年前的西汉时期，我们就有了丝绸之路沟通中外；1700多年后，世界交往日趋频繁，“万里茶道”应运而生。“古丝绸之路”曾是中国、印度、希腊3个世纪文明交汇的桥梁，时至今日，已是中国对外开放重要战略布局之一。在21世纪，“万里茶道”有了新的时代内涵。海陆两条交通路线，将在中国“一带一路”倡议的国际格局下，给相关国家与地区带来前所未有的经济联系及更为广阔的发展空间。其东牵亚太，中连中亚，西通欧洲，是世界上最长最具发展潜力的经济合作大走廊之一，可形成政治互信、经济融合、文化包容的利益共同体、命运共同体和责任共同体，可为全球数十亿百姓带来无尽的福祉。

（一）万里茶道孕育新时代欧亚交通动脉

习近平总书记在2014年9月出席中蒙俄三国元首会晤时表示，我们可以把丝绸之路经济带同俄罗斯跨欧亚大铁路、蒙古国草原之路倡议进行对接；加强铁路、公路等互联互通建设，推进通关和运输便利化，促进过境运输合作。在中国“一带一路”的倡议下，俄罗斯日益注重对西伯利亚以及远东的开发，其境内的“茶叶之路”也被视为俄罗斯整体发展振兴不可或缺的部分。中国的丝绸之路经济带建设和俄罗斯的跨欧亚大通道建设这两大战略成功对接，为中俄全面战略协作伙伴关系增添了新动力，为两国经济注入了新活力，必将实现优势互补，最终造福两国人民。

作为横跨欧亚大陆的“中俄茶叶之路”，“万里茶道”被喻为联通中俄的“世纪动脉”，其独特的地理与交通意义在于连接起了中蒙俄沿途中的数个城市，并以此为基础进一步延伸到欧洲，是仍然保留着的可以重新焕新的战略通道。从地理上看，“万里茶道”连接当今中国的8个省区（福建、江西、湖南、湖北、河南、山西、河北、内蒙古），蒙古国的6个省市（东戈壁、戈壁苏木贝尔、中央、乌兰巴托、达尔汗、色楞格），俄罗斯的18个州、市、边疆区和共和国（布里亚特、伊尔库茨克、克拉斯诺亚尔斯克、克麦罗沃、新西伯利亚、鄂木斯克、秋明、斯维尔德洛夫斯克、彼尔姆、乌德穆尔特、鞑靼斯坦、楚瓦、下诺夫哥罗德、弗拉基米尔、莫斯科、特维尔、诺夫哥罗德、圣彼得堡），即中蒙俄三国共计32个一级行政区。

这些行政区不只是地理上的名词，更是从东至西由中国南部腹地通往西欧前沿的跳板，特别是在亚欧大陆桥和现代铁路运输网构建的背景下具有特殊的意义。当前，亚欧大陆桥存在三条路线：第一条是以俄罗斯东部沿海的迪沃斯托克（海参崴）为起点，横穿西伯利亚大铁路通向莫斯科，然后通向欧洲各国，最后到达欧洲门户——荷兰鹿特丹港，全长约13000公里；第二条是以中国东部沿海的连云港为起点，沿着陇海铁路、兰新铁路一直到新疆的阿拉山口，然后接入哈萨克斯坦铁路，再经俄罗斯、白俄罗斯、波兰、德国最后到达欧洲门户——荷兰鹿特丹港，全长约10800公里；第三条是以中国南部沿海的深圳港为起点，沿途由昆明经缅甸、孟加拉国、印度、巴基斯坦、伊朗，从土耳其进入欧洲，最终抵达荷兰鹿特丹港，横贯亚欧20多个国家，全长约15000公里，比经东南沿海通过马六甲海峡进入印度洋的行程要短3000公里左右。

在亚欧大陆桥加速连接的背景下，“万里茶道”的地缘与交通意义在于，它是唯一一条能够南北纵贯三条亚欧大陆桥线路的交通动脉。在中国境内，“万里茶道”通过铁路干线将第二条与第三条亚欧大陆桥紧紧连接起来；从中国向北，经二连浩特口岸等北上又使第一条和第二条亚欧大陆桥产生了交通上的联系。可以说，正是“万里茶道”纵跨中国南北，才使东西走向的亚欧大陆桥有了网格化的交通格局。

（二）万里茶道承载了新时代互联互通

当然，“万里茶道”的现实意义并不是只存在于地图上的粗略写意，更在于实实在在的互联互通项目。从历史上看，恰克图是“万里茶道”的交通枢纽，沟通了俄国与中国的通联线路。而今，蒙古国作为中俄之间的内陆邻国，是“万里茶道”当仁不让的战略中转地带，其依托“万里茶道”历史传承而打造的“草原之路”计划，更是通过互联互通的大规模建设而为“万里茶道”赋予新的时代风貌。从蒙古国大呼拉尔（议会）通过的决议案来看，“草原之路”计划中有关铁路和公路修筑项目①，项目一为修筑连接中国和俄罗斯长达997公里的高速公路。这就是，南连中国内蒙古二连对蒙公路口岸、北接俄罗斯布里亚特恰克图对蒙公路口岸的高速公路，这条高速公路紧邻现有从南到北连接中俄两国的铁路线路。项目二为铺设1100公里电气铁路。其中包括如下三条铁路：长达600多公里的南戈壁省塔温陶勒盖—东戈壁省首府赛音山达—东方省霍特—首府乔巴山铁路，长达240多公里的塔温陶勒盖—嘎顺苏海图/甘其毛道对华口岸标轨铁路，长达160多公里的霍特—毕其格图/珠恩嘎达布其对华口岸标轨铁路。项目三为扩展跨蒙古国的铁路。其中包括：鄂尔浑省首府额尔登特—库苏古尔省首府木伦—阿尔茨苏尔/查冈托尔戈依对俄口岸铁路，长度超过1100公里，它与正在建设的俄罗斯克拉斯诺亚尔斯克边疆区库拉基诺—图瓦共和国克孜勒铁路，以及计划建设的克孜勒—艾尔津—查冈托尔戈依/阿尔茨苏尔对蒙口岸铁路相

---

① 朴键一：《中蒙俄三国互联互通的建设与合作》，《当代世界》，2016年第3期，第66—68页。

接，并与西伯利亚大铁路连接在一起；东方省霍特—该省对华苏木贝尔/阿尔山边境口岸铁路。长约430公里，这两条铁路修成后，就会在蒙古国境内，以中蒙之间四个铁路过境口岸为起点，形成4组各3种共12种连接中国和俄罗斯的跨蒙古国铁路线路组合，形成重要的交通枢纽和联通网络，成为“万里茶道”连接亚欧大陆桥的重要组成部分。

（三）万里茶道激发出新时代通联之力

除了铁路和公路等交通运输外，在“万里茶道”的故道之上还孕育出了新的交换方式和联通形式，即随着时代发展和能源需要的激增，以天然气管线为承载和代表的新的交通线跃然而出，谱写着“万里茶道”模式的另一种通联之状。事实上，自2020年以来，有关中蒙俄天然气管道工程推进的消息就屡见媒体报端。该条计划中的管道从俄罗斯“西伯利亚力量2号”天然气管道延伸出来，经蒙古国境内通往中国，较计划的“西伯利亚力量2号”管道输出量高出30%。从区域布局规划方面看，中俄天然气合作东有中俄东线，西有正在规划的中俄西线，中部目前尚处空白。习近平主席访俄演讲时，将前世纪的“万里茶道”与本世纪的中俄联建“油气管道”称作两个历史阶段的“世纪动脉”。可以看到，中蒙俄天然气管线的建设，对俄罗斯而言有助于开拓中国新市场，连接俄罗斯东西油气生产线，俄罗斯资源优化进程得以保障；对蒙古而言，管线过境可以搭乘中俄天然气合作的便车，获得稳定的过境费收入和天然气资源，支撑经济恢复；对中国而言，天然气管线基础设施建设强化将提升中国国内天然气保障能力，同时进一步助力能源转型。

因此，从根本上讲，中蒙俄的天然气线路是“万里茶道”的时代翻版，其相同点在于：都是寻求构建惠及沿线的效益最优、辐射面最广的战略通道；都是中俄两国重要利益契合与战略需要的南北动脉；都是沿线市场供给与需求差异而驱动的商业线路。同时，我们也要看到，“万里茶道”的生命力与其战略价值不仅仅是一种地理上飘满茶香的贸易线路，也是欧亚大陆不同经济行为体的贸易往来需要，更是南北东西之间经济繁荣发展的见证。在未来的发展中，交通线只是“万里茶道”的外在表现，其活的灵魂还将演化出天然气之路、石油之路、牧业之路、矿石之路等交通动脉和干线，其沟通来往方式和沿途线路可能稍有不同，但战略走向与核心驱动力却长久不变，那就是自“万里茶道”勃兴之始植入的互通之力。

二、万里茶道推动“一带一路”倡议走深走实

2013 年 3 月，习近平总书记在莫斯科国际关系学院提及“万里茶道”，是同年 9 月、11 月先后提出“丝绸之路经济带”“21 世纪海上丝绸之路”的前奏。可以认为，“万里茶道”概念在形成“一带一路”倡议，以及“中蒙俄经济走廊”建议的过程中，与“丝绸之路”“海上丝绸之路”一道发挥了重要作用。

（一）万里茶道与“一带一路”的历史渊源

历史上的万里茶道形成和发展与古老的丝绸之路有着千丝万缕的联系。[①] 一方面，万里茶道包括在广义的丝绸之路范围中。丝绸之路是对当时我国与西方所有往来通道的统称，因此并非仅有一条路。较为人所熟知的古代陆上丝绸之路，一般是指亚欧大陆北部的商路，由西汉武帝时期的张骞首次开拓，从西安（古长

① 刘再起，钟晓：《论万里茶道与“一带一路”战略》，《文化软实力研究》，2016 年第 2 期，第 26—27 页。

安）出发，经陇新地区至中亚、西亚通往地中海各国，远达欧洲罗马帝国。海上丝绸之路主要包括南海航线和东海航线，形成于秦汉时代，是已知的最古老的海上航线，是古代我国与他国贸易来往、文化交流的海上通道。历代海上丝绸之路的主港有所不同，起点也有泉州、广州、徐闻、合浦和临海等。广义的丝绸之路还包含“草原丝绸之路”（与“万里茶道”有重合），经北方草原远达俄国及欧洲，以及“西南丝绸之路”（亦称“茶马古道”），经四川、云南通向南亚、东南亚。另一方面，万里茶道是陆上丝绸之路淡出与海上丝绸之路受阻后我国对外贸易线路的新探索。远早于欧洲的地理大发现，晋商于1371年就开始向北方的居庸关、大同等边关要塞运送粮食，并取得合法买卖“官盐”的资质，之后又跨越长城，远达中俄边境城市恰克图，在西向的丝绸之路中断后，凭借卓越的经商能力，成功开拓出由北部通向欧洲的“万里茶道”。[①]

这条贯通中蒙俄乃至欧洲，持续了数百年的国际商业通道，可谓是东西方国家与民族间经贸往来的“世纪动脉”。万里茶道主要是指陆上通道，它是丝绸之路的北亚通道，与丝绸之路的中亚、西亚、南亚通道相互连接形成网络，且与海上通道部分城市也有衔接。在丝绸之路其他通道衰败后，万里茶道继续发展，作为国际重要商道发光发热。历史上的“丝绸之路”也包括茶叶贸易，“丝绸之路”实质上是“丝茶之路”，并且万里茶道的海陆线路与“一带一路”海陆两部分高度重合。

（二）万里茶道复兴推动“一带一路”深入发展

在“一带一路”倡议的指引下，中国经济建设迈入了加速与

---

① 杨永生，李永宠，刘伟：《中蒙俄文化廊道——“丝绸之路经济带”视域下的“万里茶道”》，《经济问题》，2015年第4期，第26页。

世界联通的新时期，“万里茶道”被赋予了新的使命，也焕发出了新的生机。由于中俄蒙三国发展战略高度契合，以及“万里茶道”在各国历史中扮演过的重要作用，“一带一路”倡议获得了俄方和蒙方的积极响应。值得注意的是，蒙古国草原之路与我们所说的“万里茶道”极为契合。在经济建设新时期，“一带一路”倡议赋予了这条古老悠久的贸易之路新的时代内涵与使命。

新时代“万里茶道”的复兴与“一带一路”倡议具有重叠共振的显著特征。当前，陆上“万里茶道”从汉口北上河南、山西、河北等省份，穿过蒙古，抵俄罗斯境内，这属于今天的“新丝绸之路经济带”；海上“万里茶道”从汉口出发，由上海或广州出洋，经新加坡、马来西亚、南非等地，抵达英国，也是海上“丝绸之路”的重要组成部分。这充分表明，“万里茶道”与“一带一路”是在深厚地缘基础上的对接，其不仅在于历史记载之中，更在今天国际国内双循环经济体系的蓬勃发展之中，是中国内陆省份与沿海省份、南洋国家与欧洲国家之间的又一轮经贸浪潮，是再一次由东向西、西来东往的经济共振，合力影响着全球经济体系的型塑与转型。

扎根于“万里茶道”的经贸合作模式为“一带一路”的深化推进打下良好基础。在2014年9月的中俄蒙三国元首会晤中，中国国家主席习近平提出将“丝绸之路经济带”对接俄罗斯跨欧亚大铁路与蒙古国草原之路，并倡议共建中蒙俄经济走廊。其中，蒙古国草原之路就是我们所说的“万里茶道”。[①] 这就赋予了这条具有悠久历史渊源、深厚文化底蕴和坚实经济基础的“万里茶道”新的时代内涵和使命。2015年，中俄签署了“丝绸之路经济带同欧亚经济联盟合作对接联合声明”，在平等、尊重和开放

① 杨永生，李永宠，刘伟：《中蒙俄文化廊道——“丝绸之路经济带”视域下的“万里茶道”》，《经济问题》，2015年第4期，第27页。

等原则上，创建了对接协调工作机制；同年，中蒙商定对接丝绸之路和草原之路，继续推动中蒙跨境经济合作区的建设；2016 年 7 月，李克强总理在出访蒙古时，又提出尽早启动双边自贸协定联合可行性研究，并与蒙古在贸易、经济技术、基础设施建设、广播电视等领域达成 15 个双边合作项目。2016 年 6 月，在塔什干举行的上合组织成员国元首理事会第十六次会议后，中蒙俄三国元首就《建设中蒙俄经济走廊规划纲要》达成共识，明确了经济走廊建设的具体内容、资金来源和实施机制，并商定了 32 个重点合作项目，这些合作项目和规划中的中俄蒙经济走廊与过去的万里茶道联系在一起。

（三）万里茶道打造新时代“一带一路”合作项目

“万里茶道”沿线地区不仅依托于历史资源持续扩大外向发展的“一带一路”战略窗口，而且积极融入“大循环”和“双循环”中，着手打造新时代“一带一路”合作项目。

“万里茶道”曾留下以茶产业为核心、以交通运输业为重点的一批商贸城镇和产业，在当前“一带一路”深入推进的大背景下，依托这些特色产业成为再一次获取经济收益、推动产业走出去的战略机遇。其中，内蒙古是“万里茶道”大动脉的重要组成部分和必经之地，具有得天独厚的区位优势。2014 年 11 月 25 日中俄蒙旅游联席会议在内蒙古自治区首府呼和浩特首次召开后，便建立了 3 国 5 地旅游联席会议机制，共同建设跨境旅游项目。此后，中俄蒙“万里茶道”旅游联盟成立，联合国内 8 个省区与俄蒙两国共同签署了《中俄蒙“万里茶道（茶叶之路）”国际旅游协调会议纪要》，成为促进“一带一路”倡议深入推进的重要软实力工程。与此同时，湖北等产茶区依托茶源地特色也打造了独特的“一带一路”名片。例如，赤壁青砖茶曾作为国礼赠送给蒙古国，“羊来茶往”的故事成为“万里茶道”新的佳话，以茶为媒，赤壁已经与“一带一路”沿线20多个国家和国内30多座城市建立友好合作关系。湖北在优化已有的东西湖、黄石、宜昌三峡、襄阳四个保税物流中心、东湖和新港空港两个综合保税区建设的基础上，加强与蒙古、俄罗斯等国的深度合作，进一步巩固“汉新欧”、“汉满欧”铁路的顺畅运行，促进“汉新欧”“合新欧”“郑欧”“长欧”“义新欧”“渝新欧”等国际货运班列对接，力求在“一带一路”倡议下打造新的“万里茶道”发展纵贯线。

三、万里茶道带来新一轮兴盛商机

“万里茶道”源于经济交往的动力，也延续着欧亚大陆多地之间沟通往来的内在需求。当前，“一带一路”倡议快速推进、多方响应，在“万里茶道”的基础上，欧亚大陆沿线各地也纷纷拟定自身的发展战略，借着“万里茶道”重新复兴的战略契机而驱动新一轮兴盛商机。

（一）万里茶道推进经济走廊移入发展快车道

战略经济走廊建设是“万里茶道”的衍生物，更是大商机大联通大经贸的战略基础。2014年9月，国家主席习近平在出席中俄蒙三国元首会晤时提出与俄蒙两国共同打造“中蒙俄经济走廊”。这是“一带一路”沿线六大经济走廊建设之一，也是依托于“万里茶道”深入推进向北开放的全新经济增长源。

2014年9月，习近平总书记提出，要把“丝绸之路经济带”同俄罗斯跨欧亚大铁路、蒙古国草原之路倡议进行对接，打造“中蒙俄经济走廊”，并就此与俄蒙两国总统达成共识。这是习近平总书记提出共建“一带一路”倡议后，又亲自与共建国家元首一道，共同推动以构建“经济走廊”方式将“一带一路”与其国家发展战略对接的首例之举。这集中表现了中国政府极为重视“中蒙俄经济走廊”在“一带一路”中的战略地位和作用，因而也是“中蒙俄经济走廊”建设有别于“一带一路”其他五大经济走廊的首要特点。

2015 年 3 月，中国政府三部委共同发布了首份关于“一带一路”的政策白皮书——《推动共建丝绸之路经济带和 21 世纪海上丝绸之路的愿景与行动》。同年 5 月，中俄元首签署了《中华人民共和国与俄罗斯联邦关于丝绸之路经济带建设和欧亚经济联盟建设对接合作的联合声明》。7 月，以中俄蒙元首签署《中华人民共和国、俄罗斯联邦、蒙古国发展三方合作中期路线图》为契机，三国政府签署了《关于编制建设中蒙俄经济走廊规划纲要的谅解备忘录》。在此基础上，2016 年 6 月，三国政府签署了《建设中蒙俄经济走廊规划纲要》，这标志着“中蒙俄经济走廊”建设正式全面启动。

中蒙俄经济走廊主要集中在两条通道上：一是华北通道，即以京津冀地区为起点，沿着北京—乌兰巴托—莫斯科国际铁路线北上，经内蒙古自治区首府呼和浩特、蒙古国首都乌兰巴托，抵达俄罗斯布里亚特共和国首府乌兰乌德，并在此通过西伯利亚大铁路，向西抵至俄罗斯首都莫斯科；二是东北通道，即以辽宁省大连为起点，沿着老中东铁路，经辽宁省省会沈阳、吉林省省会长春、黑龙江省省会哈尔滨、内蒙古自治区对俄边境口岸城市满洲里，抵达俄罗斯后贝加尔边疆区首府赤塔，并在此与西伯利亚大铁路并轨，向西经乌兰乌德抵达俄罗斯首都莫斯科。

（二）万里茶道促进沿线经济带迅猛发展

经济走廊的建设为沿线地区经济发展提供了难得的战略机

遇，是“万里茶道”依存的沟通北方、连接西洋的战略对接口，沿线省份为促进对外经贸纷纷出台多项政策予以响应。各个沿线省份牢牢把握历史上的中俄茶叶贸易绝不只是形成了“万里茶道”，而是由点到线再到面地逐步开放通商，顺着这一历史思路，加强与“长江经济带”“新丝路经济带”“京津冀都市经济圈”等在经贸战略上的衔接，形成更广阔范围的开放交流。

内蒙古自治区决定立足于连接蒙俄的两条既有铁路线，以及二连浩特至蒙乌兰巴托、甘其毛都至蒙乌兰巴托、阿日哈沙特至蒙乔巴山、珠恩嘎达布其至蒙温都尔汗的四条公路线，推进形成以满洲里、二连浩特、珠恩嘎达布其、甘其毛都、策克等边境口岸为龙头，其他边境口岸为支撑的沿边经济带。同时，作为通道畅通规划之一，以对蒙阿尔山口岸为节点，大同阿尔山—乔巴山铁路，形成内联东北和长吉图地区，外接蒙古国和俄罗斯东部的“新欧亚大陆桥”。在“万里茶道”的历史积淀、“一带一路”的时代助力和地区对接政策的深度推进下，内蒙古等“万里茶道”沿线地区的对外经贸屡创新高，真正使“万里茶道”焕发出了新的经济交往生机。截至 2021 年 10 月，内蒙古自治区对“一带一路”共建国家外贸进出口额累计为 4786.4 亿元，占同期内蒙古外贸进出口总额的 63.1%。民营企业在内蒙古外贸中始终保持主体地位，8 年来对共建国家进出口额为 4124.9 亿元，占同期内蒙古外贸总额的 86.2%。随着内蒙古等沿线省份借助“万里茶道”“一带一路”以及中蒙俄经济带的战略机遇，对共建国家外贸稳步发展，更多“蒙字号”品牌和本土特色优势产品正在加速打开国际市场，正在创造新一轮的对外经贸高潮。

黑龙江省提出了参与“中蒙俄经济走廊”的建设，对接俄远东地区，打造“中国向北开放的重要窗口”，建设“黑龙江（中俄）自贸区、沿边重点开发开放试验区、跨境经济合作示范区、面向欧亚物流枢纽区”的“一个窗口、四个区”发展战略方向。同年 12 月，新疆维吾尔自治区出台《新疆参与中蒙俄经济走廊建设实施方案》，提出了以乌鲁木齐市、阿勒泰地区、昌吉回族自治州、哈密市等为依托，以塔克什肯、红山嘴、乌拉斯台、老爷庙等对蒙口岸为节点，持续提升对蒙俄合作，全面推进与“中蒙俄经济走廊”建设深度融合。

吉林省出台《沿中蒙俄开发开放经济带发展规划（2018 年—2025 年）》，提出了以长春城市群为支撑，向东经过长吉图、俄扎鲁比诺港，连接滨海边疆区等俄远东地区及日本、韩国、朝鲜，向西经过白城、乌兰浩特、内蒙古阿尔山，对接蒙古国乔巴山等地，建设以珲春—乌兰浩特交通线为主轴，包括延边、吉林、长春、四平、辽源、松原、白城等州市的“沿中蒙俄通道开发开放经济带”。

辽宁省公布《辽宁“一带一路”综合试验区建设总体方案》，提出了向北融入“中蒙俄经济走廊”、向东构建以中国、俄罗斯、日本、韩国、朝鲜为主体的“东北亚经济走廊”，建设“辽宁沿海经济带”“东部沿边开发开放带”的“两廊两沿”战略构想。

新疆维吾尔自治区充分利用国家对其“丝绸之路经济带核心区”的定位，把握《建设中蒙俄经济走廊规划纲要》的基本精神，不受限于作为“中蒙俄经济走廊”建设重点的华北通道和东北通道，而是依托其四个对蒙口岸，主动提出了深度融入“中蒙俄经济走廊”建设的构想，从而使该走廊建设的空间布局从华北和东北扩展到西北地区，形成了中国“三北”地区都参与“中蒙俄经济走廊”建设的宏大局面，也为将来通过构建贯穿蒙古国东西的“中蒙俄经济走廊”新通道，将中国西北和东北两大经济区连接在一起埋下重要伏笔。

（三）万里茶道推动新时代经贸产业兴旺发达

旅游业无疑是“万里茶道”历史留存的最珍贵和最兴旺的经济产业，无数游客循着“万里茶道”的足迹而领略沿途大好风光，品味沿线历史风貌，成为了经济增长的全新支撑点。“万里茶道”起步于风光秀美的南国水乡，行经山河壮丽的中原腹地，穿越黄沙漫漫的塞外大漠，远达银装素裹的雪域高原，一路行来，风景变幻无穷，全程异域风情，到处历史古迹，可谓是一条潜力巨大的黄金旅游线路。万里茶道”是一条文明、开放、友谊、合作的桥梁与纽带，茶道上丰富的语言、文学、艺术、宗教、建筑、民风民俗更是一座巨大的文化宝库，人们可以在这里打开一扇又一扇奇妙的世界之门，领略各国文化之精妙。文化将在这里交流，民族将在这里融合，经济将在这里繁荣，社会也将更加安定团结与和平。“万里茶道”将是文化交流、经济发展、旅游开发、友好合作的康庄大道，也是中国文化传播对外开放的重要窗口，具有深远的文化价值。

内蒙古与俄蒙有4200多公里边境线和18个口岸，处于中俄蒙三国交界地区，是欧亚大陆桥的重要枢纽地区，在建设丝绸之路经济带中具有举足轻重的地位，在“万里茶道”旅游之路上地位显著。中俄蒙边境线长，跨境旅游交流有基础，有潜力。目前已开发中俄边境旅游线路38条，中蒙边境旅游线路15条。近年来，内蒙古立足于区位优势，积极推进与俄蒙两国旅游业的合作，把旅游合作打造成中俄蒙三国关系的新亮点，共同打造“万里茶道”国际旅游品牌，并开发了两条旅游大环线，若干小环线，并依托口岸优势，创建满洲里、二连浩特、阿尔山等边境旅游试验区，创建满洲里—红石、二连浩特—扎门乌德、阿尔山—松贝尔、额布都格—白音胡硕等跨境旅游合作区，打造了一系列一日游、多日游跨境旅游产品。此外，内蒙古还开通了“草原之星”专列、茶叶之路“满洲里—西伯利亚号”中俄跨境旅游专列及重走茶叶之路“二连浩特号”旅游专列，组织开展了中俄蒙自驾之旅、百峰骆驼重走茶叶之路等活动，与其他省市共同努力，积极打造“万里茶道”这一国际旅游品牌。在几年的时间里，“万里茶道”品牌效应已经开始显现。据统计，2018 年俄罗斯公民访华 241.4 万人次；蒙古公民访华 191.58 万人次；中国公民访俄 203.7 万人次；访蒙 19.45 万人次。“万里茶道”给内蒙古旅游业腾飞插上了新翅膀，助力内蒙古经济跃升走强。

茶叶产业新一轮勃兴无疑是“万里茶道”推动对外贸易的贡献。现今“万里茶道”这一世纪动脉广为关注，湖北、内蒙古、山西等多省都在扶持茶叶产业，以求借助对外开放机遇重新推动中国茶产业迈向世界。其中，湖北作为茶源之地，拥有厚重的茶文化底蕴，在发展茶和与茶文化相关的生态绿色经济文化产业方面，已形成鄂西武陵山富硒绿茶和宜昌三峡名优绿茶及宜红茶区、鄂东大别山优质绿茶区、鄂南幕阜山名优早茶及边销茶区、鄂西北秦巴山高香绿茶区等“四大优势茶区”，并拥有采花毛尖、萧氏茗茶等知名品牌。通过挖掘湖北万里茶道的茶文化资源和价值，一方面促进湖北省生态茶园的建设以提升茶叶品质、推进龙头茶企和中小茶企的整合以实现茶企高效化管理、进行茶叶专门技术人才培养以增强茶业的创新能力，拓宽茶叶向保健品、食品、医药品、化妆品等健康产业领域的深加工，实现茶产业链的整体优化与转型升级，打造“赤壁砖茶”“五峰宜红”等具有国际影响力的地域茶叶品牌；另一方面促进沿线跨领域、跨区域的文化、商贸等国际层面的深度交流与合作，实现茶商、茶厂、工厂“走出去”和“请进来”，设立并完善深度加工和特色营销网点，开展博览会、展销会、研讨会、文化节等多种形式的以茶文化为承载的营销活动，积极开拓新市场，有效改变品牌杂乱、产业弱小、龙头企业缺乏、茶叶品质标准不统一、内销竞争力不足、外销市场开拓不足等问题，增强了湖北茶产业的国际竞争力。

四、万里茶道促进欧亚文明新一次交流碰撞

习近平总书记在 2019 年亚洲文明对话大会开幕式上的讲话中指出："文明因多样而交流，因交流而互鉴，因互鉴而发展。我们要加强世界上不同国家、不同民族、不同文化的交流互鉴，夯实共建亚洲命运共同体、人类命运共同体的人文基础。"万里茶道就是典型的文化交流、文明互鉴之路。它既是我国各民族交往交流交融的纽带，也是促进东西方交流互鉴的桥梁。[1]

从历史上看，"万里茶道"不仅是物质层面的"世纪动脉"，更是物质向精神演化的活的传承。在茶叶生产、运输、交易过程中与衣食住行相关的生产生活习俗，在"万里茶道"这一交往平台的承载下，得以流传到东西方各地，并且化身为各地的文化符号。其中，如与茶有关的礼仪、宗教仪式、同业同乡聚会、节日庆典等风情，与茶有关的语言、文学、音乐、舞蹈、戏剧、美术等文化艺术，与茶有关的品种选择、种植管理、采摘制作等技艺，都融入进各地文化中，成为文明交流碰撞的重要标志。

（一）万里茶道是文明交往之路

"万里茶道"所淬炼出的价值理念和人文精神，对人类文明发展作出了重要贡献，也在当今世界文明交往中谱写出了新乐

① 黄柏权，巩家楠：《万里茶道：跨越亚欧的"世纪动脉"》，《中国民族》，2020 年第 3 期，第 75—76 页。

章。作为跨区域、跨行业、跨民族、跨国度的茶叶运输和贸易路线，“万里茶道”在开拓、发展、繁荣的艰难历程中形成维持运行的准则，凝结不同群体共同遵守和认同的原则，更好体现其核心价值理念，即“和合天下，恩泽四海”。

“和合天下”，既是茶叶和茶道本身蕴含的品质，也是先民们修身养性、价值追求、行为准则的遵循。中国茶文化经过几千年的传承，汲取儒释道精髓，形成了天人合一的人文精神，铸就了“以和为贵”的民族之魂。从茶叶与人类个体的关系看，饮茶能让人保持内心平和、清净淡雅，具有修身养性的作用；从茶叶与群体的关系看，饮茶是一种高雅文明的交往交流方式，能保持人与人之间的友好沟通，促进各类群体的相互了解，“以茶为媒”“以茶会友”成为中国传统文化特有的外在形式。“万里茶道”以茶叶为载体增进了沿途各民族乃至中国与欧亚各国的友好交往，促进了东西方文化交流与文明互鉴。如今，茶外交仍然是国家交往中的一种重要手段。而从茶叶与自然的关系看，一方面，作为大自然对人类的馈赠，它主要产于热带和亚热带湿润的山地，对土地、温度、湿度、环境有严格的选择，依赖于大自然；另一方面，中国茶道追求“天人合一”，种茶、制茶、饮茶讲究自然天成。由此可见，和谐、和平、合作是中国茶文化追求的最高境界，也是万里茶道追求的现实目标。“恩泽四海”是“万里茶道”开辟的初衷和开辟之后带来的实际效应。为满足我国西北各民族以及俄罗斯和欧洲人民的生活需要，同时通过茶叶对外贸易获取利润，万里茶道才得以应运而生。其实，它所达到的最终效应早已远远超出预期，惠及了无数人。[1]

① 黄柏权，巩家楠：《万里茶道：跨越亚欧的“世纪动脉”》，《中国民族》，2020年第3期，第75页。

（二）万里茶道是历史遗产

时至今日，“万里茶道”的文化遗存与时代风貌相结合，在文化遗产保护中促进东西方、中国和外国、沿线各文明区域的深度融合。2014 年 10 月，《中俄万里茶道申请世界文化遗产武汉共识》的签署，第一次把中俄万里茶道的申遗工作提升到国家层面。这不仅会促进万里茶道沿线国家和地区之间开展万里茶道文化旅游交流，夯实中蒙俄互联互通的社会基础，还将推动中蒙俄文化廊道的建设，以茶为纽带，扩大对外开放、深化交流合作，推动中蒙俄国家关系的长远发展，这也是“丝绸之路经济带”北线建设的重要内容，万里茶道能够快速兴起和发展，与以中国晋商为代表的商业文化精神分不开，没有中国文化中的吃苦耐劳、诚信合作等精神，很难想象在艰苦的自然和人文环境中能有如此规模和持久发展。

2019 年 3 月 20 日，国家文物局正式同意将“万里茶道”列入《中国世界文化遗产预备名单》，包含中国段 8 个省区的 49 处遗产点，标志着“万里茶道”申遗进入实质申报程序阶段。这些文化遗产承载了万里茶道开拓、发展、繁荣、衰落的历史进程，记录了茶农、茶商等所有参与者的付出与收获。每处遗迹都是一部厚重的史书，每个故事都饱含着经营者的酸甜苦辣。这些文化遗产，同样见证了中蒙俄之间的贸易往来和文化互动，见证了沿线各民族的交往交流交融，对深入研究中国茶叶贸易史、交通运输史、茶文化传播史以及中外文化交流史具有重要的价值。

从最早发起的 20 余座城市，到现在中蒙俄 90 余座城市，“万里茶道”作为以城市群为特征的线型遗产，让沿线城市的联系越来越紧密。通过申遗带动城市整体发展，推动文旅融合、茶旅融合等经济发展和文化交流，成为了“万里茶道”申遗工作的最大现实意义。此外，“万里茶道”作为文化线路遗产联通了中蒙俄三国，是沿线各国人民价值观念、精神追求和文化认同的体现，也是推动构建人类命运共同体的重要载体。“万里茶道”申遗，为打造文化交流互鉴平台提供了新一轮战略机遇，顺应了和平发展、合作共赢的时代潮流。[①] 随着申遗工作的推进，将进一步增进中国与蒙古国、俄罗斯等国家的传统友谊，成为新时代中国周边国家和地区共同发展的新纽带。

（三）万里茶道是旧茶新香之路

“万里茶道”申遗工作启动以来，受到历史学、民族学、考古学等学科众多学者的关注，并逐渐成为学术热点。学界长期围绕茶源地、茶叶贸易、线路及遗产点、非物质文化遗产及茶道价值等方面展开了广泛研究，这引发了世人对茶文化的再度关注。有学者认为，“万里茶道”激发促进了 10 种文化的传播，包括：商路文化、茶品文化、茶器文化、商号文化、城市贸易文化、商路文化、经济制度文化、民族民俗文化、文献文化、制茶文化、边贸文化等。其中，许多文化都在“万里茶道”重新兴旺中得到发展，整体上带动茶文化进入新纪元。

“万里茶道”上“茶文化”的香气已经绕梁寰宇百年，并在新时代世界文化交往交流中赋予新的意义。2020 年 5 月 21 日是联合国确定的首个“国际茶日”。国家主席习近平在“国际茶日”系列活动的致信中指出，茶起源于中国，盛行于世界。联合国设立“国际茶日”，体现了国际社会对茶叶价值的认可与重视。弘扬“万里茶道”的文化精神，以及以茶叶为载体的中国茶文化精神，对“一带一路”建设有着重要的助推作用，是文化自信的最

① 黄柏权，巩家楠：《万里茶道：跨越亚欧的“世纪动脉”》，《中国民族》，2020 年第 3 期，第 76 页。

重要体现，是软实力增长的最核心方面。“万里茶道”的时代发展再一次证明，茶文化是世界物质文明与精神文明高度和谐统一的产物，以茶为载体，衍生出丰富多彩的茶文化，并向海内外传播，在“一带一路”深入推进的过程中，“万里茶道”还将迸发出更多文化火花，在对外文化交流与文明交往中发挥更大助力。

参考文献

著作：

1、中国茶文化丛书［M］. 杭州：浙江摄影出版社，2006.

2、刘再起. 湖北与中俄万里茶道［M］. 北京：人民出版社，2018.

3、周重林、太俊林. 茶叶战争——茶叶与天朝的兴衰［M］. 武汉：华中科技大学出版社，2012.

4、（俄）阿·科尔萨克，米镇波译. 俄中商贸关系史述［M］. 北京：社会科学文献出版社，2010.

5、郭蕴深. 中俄茶叶贸易史［M］. 黑龙江：黑龙江教育出版社，1995.

6、（唐）陆羽. 图解茶经：认识中国茶道［M］. 海口：南海出版公司，2007.

7、严明清. 洞茶与中俄茶叶之路（二）［M］. 武汉：湖北人民出版社，2014.

8、邓九刚. 复活的茶叶之路［M］. 兰州：甘肃文化出版社，2013.

9、刘晓航. 大汉口：东方茶叶港［M］. 武汉：武汉大学出版社，2015.

10、武汉市国家历史文化名城保护委员会编. 中俄万里茶道与汉口（中、俄、英文版）[M]. 武汉：武汉出版社，2014.

11、[美] 艾梅霞著，范蓓蕾、郭玮等译. 茶叶之路 [M]. 北京：中信出版社，2007.

12、陈椽. 茶业通史 [M]. 北京：中国农业出版社，1970.

13、加·尼·罗曼诺娃著，宿丰林、厉声译. 远东俄中经济关系（19 世纪-20 世纪初）[M]. 哈尔滨：黑龙江科学技术出版社，1991.

14、卢明辉、刘衍坤. 旅蒙商——17 世纪至 20 世纪中原与蒙古地区的贸易关系 [M]. 北京：中国商业出版社，1995.

15、杨清震. 中国边贸研究 [M]. 南宁：广西民族出版社，1997.

学术论文：

1、龚永新，等. 中国茶文化发展的历史回顾与思考 [J]. 农业考古，2015（2）.

2、周颖. 茶文化的孕育与诞生探析 [J]. 农业考古，2004（2）.

3、黄柏权，巩家楠. 万里茶道：跨越亚欧的“世纪动脉”[J]. 中国民族，2021（7）.

4、杨永生，李永宠，刘伟. 中蒙俄文化廊道———“丝绸之路经济带”视域下的“万里茶道”[J]. 经济问题，2015（4）.

5、刘再起，钟晓. 论万里茶道与“一带一路”战略 [J]. 文化软实力研究，2016（2）.

6、朴键一. 中蒙俄三国互联互通的建设与合作 [J]. 当代世界，2016（3）.

7、倪玉平，崔思明. 万里茶道：清代中俄茶叶贸易与北方草原丝绸之路研究 [J]. 北京师范大学学报（社会科学版），

2021（4）.

8、蒋太旭. 从丝绸之路到万里茶道［J］. 决策与信息，2015（11）.

9、刘再起，弗·达旗升. 1861-1917 茶叶贸易背景下的中俄关系［J］. 广西职业技术学院学报，2020（3）.

10、都永浩. 华夏—汉族、中华民族与中华人民［J］. 黑龙江民族丛刊，2010（1）.

11、阎志. 万里茶道对汉口的影响及其建筑遗存［J］. 江汉考古，2018（2）.

12、邓志文. "茶叶之路"对蒙古地区经济文化发展的影响［J］. 中央民族大学学报（哲学社会科学版），2019（6）.

13、黄柏权、平英志. 以茶为媒："万里茶道"的形成、特征与价值［J］. 湖北大学学报（哲学社会科学版），2020（6）.

14、高春平. 晋商率先开拓万里茶路研究［J］. 经济问题，2017（2）.

15、刘晓航. 晋商与中俄万里茶道的起源［J］. 广西职业技术学院学报，2019（4）.

16、李三谋，张卫. 晚清晋商与茶文化［J］. 清史研究，2001（1）.

17、石文娟. 论万里茶路与晋商文化［J］. 商业现代化，2016（2）.

18、张维东. "万里茶道"上的晋商精神［J］. 先锋队，2017（17）.

19、吴贺. 18-20 世纪中俄茶路兴衰的再思考［J］. 南开学报（哲学社会科学版）2017（2）.

20、庄国土. 从闽北到莫斯科的陆上茶叶之路——19 世纪中叶前中俄茶叶贸易研究［J］. 厦门大学学报（哲学社会科学版），

2001（2）.

21、李现云. 概述清代中俄四个贸易阶段的演变——以万里茶道河北段为例［J］. 农业考古，2017（5）.

22、张宁. “万里茶道”茶源地的形成与发展［J］. 中国社会科学报国家社科基金专刊，2020.

23、王建荣. 中国茶简史及其对外传播［J］. 文物保护与考古科学，2019（4）.

24、刘再起. 从近代中俄茶叶之路说起［J］. 俄罗斯中亚东欧研究，2007（5）.

25、聂蒲生. 论黑龙江省与俄罗斯边境贸易的历史渊源［J］. 北方经贸，2001（8）.

26、胡凤仁. 中国茶的精神养生及其实证研究［J］. 福建农林大学硕士学位论文，2012.

27、惠玉. 清代中原地区万里茶道及结点市镇研究［J］. 郑州大学硕士学位论文，2019.

28、张谚. 武夷山茶文化研究［J］. 黑龙江大学硕士学位论文，2011.

29、马丽蓉. 中蒙俄“万里茶道”案例研究［J］. 上海外国语大学硕士学位论文，2021.

万里茶道

纵贯欧亚的文明密码

褚宏霞◎著

内蒙古人民出版社

图书在版编目(CIP)数据

万里茶道：纵贯欧亚的文明密码 / 褚宏霞著. --
呼和浩特：内蒙古人民出版社，2025.3
ISBN 978-7-204-17990-9

Ⅰ.①万… Ⅱ.①褚… Ⅲ.①茶道-文化史-研究-
中国、俄罗斯 Ⅳ.①TS971.21

中国国家版本馆 CIP 数据核字(2024)第 031265 号

万里茶道——纵贯欧亚的文明密码

作　　者　褚宏霞
策划编辑　王　静
责任编辑　海　日
封面设计　琥珀视觉
出版发行　内蒙古人民出版社
地　　址　呼和浩特市新城区中山东路 8 号波士名人国际 B 座 5 楼
网　　址　http://www.impph.cn
印　　刷　内蒙古爱信达教育印务有限责任公司
开　　本　710mm×1000mm　1/16
印　　张　11.25
字　　数　140 千
版　　次　2025 年 3 月第 1 版
印　　次　2025 年 3 月第 1 次印刷
书　　号　ISBN 978-7-204-17990-9
定　　价　68.00 元